"十四五"普通高等教育本科部委级规划教材

服饰品设计与应用

徐 娜 编著

中国纺织出版社有限公司

内 容 提 要

时代飞速发展，服饰品的形制、技法与种类也在不断更新。本书以服饰品设计的方法和服饰品手工艺制作技法、步骤的实现为重点，理论与实践结合，图文并茂，全面细致地展开讲解服饰品的发展历史、设计方法、种类、形制以及在服装设计等相关领域中的应用，并且展示了学生原创服饰品设计作品以及国内外经典服饰品赏析。本书内容覆盖面广，专业性强，能使学习者一目了然，便于掌握技法并实践。

本书不但可以作为本科及高职高专服装设计专业的教材，还可以作为服装企业等相关设计人员的参考用书。

图书在版编目（CIP）数据

服饰品设计与应用 / 徐娜编著 . -- 北京：中国纺织出版社有限公司，2022.7（2025.4重印）

"十四五"普通高等教育本科部委级规划教材

ISBN 978-7-5180-9463-9

Ⅰ.①服… Ⅱ.①徐… Ⅲ.①服饰—设计—高等学校—教材 Ⅳ.① TS941.2

中国版本图书馆 CIP 数据核字（2022）第 052522 号

责任编辑：宗 静　　特约编辑：曹昌虹
责任校对：楼旭红　　责任印制：王艳丽

中国纺织出版社有限公司出版发行
地址：北京市朝阳区百子湾东里 A407 号楼　邮政编码：100124
销售电话：010—67004422　传真：010—87155801
http://www.c-textilep.com
中国纺织出版社天猫旗舰店
官方微博 http://weibo.com/2119887771
北京通天印刷有限责任公司印刷　各地新华书店经销
2022 年 7 月第 1 版　2025 年 4 月第 3 次印刷
开本：787×1092　1/16　印张：12.5
字数：205 千字　定价：68.00 元

教学内容及课时安排

章 / 课时	课程性质 / 课时	节	课程内容
第一章 （4 课时）	理论知识 （4 课时）	●	服饰品及服饰品设计概述
		一	服饰品的概念与分类
		二	服饰品的功能
		三	服饰品与服装设计
第二章 （4 课时）	讲练结合 （28 课时）	●	服饰品设计的要素与原则
		一	服饰品设计的要素
		二	服饰品设计的原则
第三章 （4 课时）		●	服饰品设计的方法与步骤
		一	主题确立
		二	制作过程
第四章 （8 课时）		●	传统服饰品制作工艺
		一	服饰品制作工艺历史
		二	刺绣
		三	扎染
		四	蜡染
		五	钩织
		六	棒织
		七	编结
第五章 （6 课时）		●	功能服饰品的设计与应用
		一	帽子的设计与应用
		二	包袋的设计与应用
		三	鞋的设计与应用
第六章 （6 课时）		●	装饰服饰品的设计与应用
		一	首饰的设计与应用
		二	花饰的设计与应用
		三	领饰的设计与应用
		四	腰带的设计与应用

注　各院校可根据自身的教学特点和教学计划对课时数进行调整。

服饰品及服饰品设计从古至今都拥有自己独立的专业领域，当今时代飞速发展，服饰品更是脱颖而出，不断为人们呈现出更加丰富的设计作品。本书将分别从服饰品及服饰品设计概述、服饰品设计方法、服饰手工艺、服饰品主要种类等方面讲述服饰品的设计与应用，从而使服饰品成为服装中真正的亮点。

本书编写理论与实践相结合，以提高学生服饰品设计能力为根本，内容丰富、图文并茂、深入浅出，是学生学习服饰品设计与应用的教材。本书以服饰品设计的方法和服饰品手工艺制作技法、步骤的实现为重点，全面细致地展开讲解服饰品的发展历史、设计方法、种类、形制以及在服装设计等相关领域中的应用，并且展示了学生原创服饰品设计作品以及国内、外经典服饰品赏析。本书的每章都有课程安排，以便为学生学习和教师教学提供指引与参考。

本书深入讲解了服饰品设计的相关内容，章节结构体系清晰，配有最新的学生作品实例，力图由浅入深调动学生兴趣，再到实践动手，最后真正学到如何设计与应用。这样的教学模式和课堂是鲜活、务实的，应该是学生和教师都喜爱的。

本书主编为天津工业大学艺术学院服装设计系教师徐娜，本书内容是作者根据十多年的教学经验和搜集素材编写完成。

本书在编写过程中得到了中国纺织出版社有限公司、编者单位有关领导与同仁的支持与帮助，在此表示诚挚的感谢。由于编者水平有限，书中难免有疏漏之处，敬请读者和专家同仁批评指正。

编者

2021年3月6日

目录

第一章

服饰品及服饰品设计概述 | 001

第一节　服饰品的概念与分类 / 002

一、服饰品的概念 / 002

二、服饰品的特征 / 003

三、服饰品的分类 / 006

第二节　服饰品的功能 / 008

一、实用需求 / 008

二、美化装饰 / 008

三、信仰崇拜 / 008

四、地位象征 / 008

第三节　服饰品与服装设计 / 009

一、服饰品与服装的关系 / 009

二、服饰品设计与服装设计 / 010

三、服饰品设计与流行趋势 / 010

第二章

服饰品设计的要素与原则 | 013

第一节　服饰品设计的要素 / 014

一、服饰品设计的主题 / 014

二、服饰品设计的材料 / 016

三、服饰品设计的色彩 / 018

四、服饰品设计的表现形式 / 019

五、服饰品设计的工艺手段 / 020

第二节　服饰品设计的原则 / 020

一、服饰品设计的艺术法则 / 020

二、服饰品设计的美学规律 / 021

第三章

服饰品设计的方法与步骤 | 025

第一节　主题确立 / 026

一、灵感捕捉 / 026

二、构思形式 / 026

三、构思方法 / 028

四、确立主题 / 029

第二节 制作过程 / 030

一、选定材料 / 030

二、试验阶段 / 031

三、正式制作 / 032

四、成品展示 / 033

第四章

传统服饰品制作工艺 | 035

第一节 服饰品制作工艺历史 / 036

一、服饰品制作工艺的出现 / 036

二、服饰品制作工艺的发展 / 036

第二节 刺绣 / 040

一、刺绣的起源 / 040

二、刺绣的种类和特点 / 045

三、刺绣的材料及工具 / 055

四、刺绣的制作方法 / 060

第三节 扎染 / 064

一、扎染的发展历史 / 065

二、扎染的特点 / 067

三、扎染的工具与材料 / 069

四、扎染的制作方法与实例 / 071

第四节 蜡染 / 076

一、蜡染的发展历史 / 076

二、蜡染的特点 / 077

三、蜡染的工具与材料 / 077

四、蜡染的制作方法 / 077

第五节 钩织 / 079

一、钩织的特点 / 080

二、钩织工具与材料 / 080

三、拿线、拿针、起针 / 081

四、几种基础钩织针法 / 082

第六节 棒织 / 085

一、棒织的特点 / 085

二、棒织工具与材料 / 085

三、棒织的基本方法与步骤 / 086

第七节 编结 / 089

一、我国编织的历史 / 089

二、编结服饰品的实例 / 090

三、编结的工具与材料 / 099

四、编结技法 / 100

第五章

功能服饰品的设计与应用 | 103

第一节 帽子的设计与应用 / 104

一、帽子的发展历史 / 104

二、帽子的分类及特点 / 109

三、帽子与服装的搭配 / 111

四、帽子的设计与应用 / 113

第二节 包袋的设计与应用 / 116

一、包袋的发展历史 / 116

二、包袋的种类与特点 / 118

三、包袋与服装的搭配 / 120

四、包袋的设计与制作工艺 / 122

五、包袋制作样板实例 / 125

第三节 鞋的设计与应用 / 126

一、鞋的发展历史 / 126

二、鞋的分类 / 129

三、鞋的设计与制作工艺 / 130

第六章

装饰服饰品的设计与应用 | 139

第一节 首饰的设计与应用 / 140

一、首饰的发展历史 / 140

二、首饰的分类 / 142

三、常用首饰 / 144

四、耳环、胸针、项链、戒指系列首
饰制作实例 / 147

五、首饰与服装的搭配 / 151

六、首饰的设计、材料及制作工艺 / 152

第二节　花饰的设计与应用 / 160

一、花饰的发展历史 / 160

二、花饰的分类 / 162

三、花饰与服装的搭配 / 164

四、花饰的设计 / 164

五、花饰的制作工艺 / 165

第三节　领饰的设计与应用 / 171

一、领饰的历史 / 172

二、领饰的分类 / 172

三、领饰与服装的搭配 / 174

四、领饰的设计 / 177

第四节　腰带的设计与应用 / 180

一、腰带的发展历史 / 180

二、腰带的分类及特点 / 183

三、腰带与服装的搭配 / 184

四、腰带的设计 / 186

参考文献 ｜ 188

第一章 服饰品及服饰品设计概述

教学课题： 服饰品及服饰品设计概述

教学学时： 4课时

教学方法： 任务驱动教学法

教学内容： 1. 服饰品的概念与分类

2. 服饰品的功能

3. 服饰品与服装设计

教学目标： 1. 了解服饰品的概念、特征、分类。

2. 从实用、美化、信仰、地位四个方面了解服饰品的功能。

3. 讲解服饰品与服装设计的关系。其中包含服饰品设计与服装、服饰品设计与服装设计的相互关系。

教学重点： 了解服饰品的概念及服饰品设计与服装的关系。

课前准备： 学生需提前查阅相关资料了解服饰品和服饰品设计的历史及服饰品设计在现代服饰中的创新应用实例。

第一节 服饰品的概念与分类

服装和服饰品均属服饰美学的范畴，涉及服饰社会学、服饰心理学、服饰生理学、服饰民俗学等领域。服装与服饰品是一个整体的两个面，服饰品与服装一样重要，在人的着装效果上起着重要作用，不可替代。每个民族着装时都会佩戴服饰品，可以说服饰品的历史与服装历史相伴而生，共同演变。服饰品和服装都传达着佩戴者的个人信息和一个国家或民族的文化特征。

一、服饰品的概念

服饰品又称服饰配件，是指服装以外附加在人体上的装饰品。狭义上的服饰品主要指保护用品、随身用品和装饰用品，如围巾、包袋、鞋帽、首饰、领带、袜子等。广义上的服饰品包括所有与着装配套的附属品，除了头饰、颈饰、胸饰、腰饰、腕饰、指饰、脚饰、包饰、鞋饰、花饰等以外，还包括眼镜、手套、雨伞、手帕、袜子、手机、打火机、假发等配件。

从服装史和服饰品发展史上可以看出，相对于服装，人们更热衷于服饰品。人类在只会用兽皮、树叶简单缝制衣服时，就已经学会了用石块制成串珠、用骨片制成头饰和耳饰、用贝壳制成颈饰、用兽齿制成项链，还会用赤铁矿粉给服饰品染色，如图1-1所示。在距今10万年前的东非坦桑尼亚的原始岩画上人物已经会使用假发作为头饰。许多民族对服饰品比对服装更热衷，甚至有些民族男子全身赤裸，周身却挂满服饰品，如图1-2所示。无论是在古代还是在现代，服饰品都是服装搭配中不可缺少的部分。

图1-1 非洲土著部
落的装饰

图1-2 非洲土著部落妇女的唇饰、文身、耳饰

服饰品有些以装饰目的为主，有些以实用目的为主，兼具装饰功能，如帽子、包、鞋等。相比服饰品本身单件的造型，人们更注重其与服装的搭配效果，可以说，只有

与服装完美搭配的服饰品才更有魅力。服饰品相比服装，材料更加丰富，变化更多样。相同服装与不同服饰品可以搭配出千变万化的韵味。可以说，没有服饰品搭配的服装缺乏生机，显得单一。很多知名品牌都是将服装和与其配搭的服饰品一并发布。设计师在设计时装时，也要注重整体效果，将服装和服饰品一并设计，如图1-3所示。

图1-3　服饰整体效果和协调设计

二、服饰品的特征

服饰品具有物质和精神双重属性，兼具实用性和装饰性两种功能。服饰品的特征包括统一性、从属性和审美性。

（一）统一性

服饰品的统一性，包括服饰品与服装的统一、服饰品与人体的统一、服饰品与环境的统一。

1. 服饰品与服装的统一

服饰品与服装搭配要讲究统一，要把各有特色的多种因素有机结合起来，形成一个整体。服装设计要整体考虑服饰品的搭配情况，除了服装本身外，还要关注图案、纽扣、缉线、襻带、褶裥、拉链、钉珠、刺绣等的设计，甚至还要考虑腰带、围巾、鞋袜、帽子、提包等服饰品的设计与搭配，如图1-4所示。

2. 服饰品与人体的统一

人的外貌特征包括三个方面，服装和服饰品、人的仪表仪态和精神面貌。对服饰的赞美通常包括三层含义，一是对服装和服饰品本身的赞美，二是服装服饰表现出的人体美，三是服装服饰提升人的精神状态。

服饰品服务于人，人体比例适当、结构匀称，是天然的肢体组合，人体美被誉为最神圣的美。然而，现实生活中，每个人体型各异，存在着各种不完美，如肥胖、突臀、斜肩、端肩、溜肩、鸡胸、大肚等。服饰品对人体可以起到重要的调解作用，设计时可以扬长避短，弥补人体比

图1-4　领结、胸花、鞋与服装和谐搭配

例的缺陷。例如，腿短的人可以穿高跟鞋，让鞋袜与裤子颜色相同，视觉效果上腿就会显得更长；也可以提高腰节线，使上下身比例匀称。通过服饰品和服装搭配在效果上弥补了人体比例的不足。服饰品的风格反映着人的个性，和穿着人融为一体。服饰品也因人而异，设计或搭配使用时应根据个人的自身条件和身处的环境而定。

3. 服饰品与环境的统一

服饰品应当与穿着者所处时间、地点和场合相吻合，这样才能使服饰品达到理想的身着效果，这又称TPO（Time时间、Place地点、Occasion场合）原则。根据TPO原则，穿着人应该根据身处的环境选择恰当的服饰品，穿戴后的服饰品应当与所处的时间、地点和场合相协调。例如，上班时应穿着款式简洁大方、色彩高雅的服装和服饰品；郊游时应换上明快、活泼的服装和服饰品；参加体育活动时，则应穿着宽松、舒适的运动装和适合运动的服饰品。达到服饰品与环境的统一，服饰的效果才能达到最佳。环境会形成一定的设计风格，同时环境也是设计师创作的灵感来源，如田园风光、山林野趣、奥运风潮等，如图1-5所示。

图1-5　服饰与环境场合协调统一

（二）从属性

服装配件或服饰配件中的"配"字可以说明它在整体服装中是从属地位，人的仪表要通过内在因素和外在条件共同体现。内在因素包括个人气质、文化修养、道德标准等；外在条件是服饰、发型、化妆等。服饰使人的整体形象更加完美，服装具有主导地位，而配件等就要围绕衣服来设计以烘托主体，由此体现穿着者和设计师的品位和设计水平，如图1-6所示。有时为了突出装饰物，设计师也会将服装与配件的关系倒置，从而产生意想不到的特殊效果，如苗族的银饰，受民族文化和习俗的影响，以大、多、重、造型丰富为美，它的外观远远超出了服装给人们的印象，展示出神秘古朴的原始风情，如图1-7所示。

（三）审美性

服饰品的审美，主要是指对服饰品设计的技巧、造型规律、流派风格和象征意义的理解感知，其依赖于人们对服饰的审美态度，即对服饰兴趣的浓厚程度，对服饰美

图1-6　服装为主饰品为辅的从属关系

图1-7　饰品为主服装为辅的倒置关系

的注意程度以及对服饰审美的期望值。不同年龄和性格的人，对服饰注意和感知的方式呈现差异性。儿童往往把一件服装分解成众多局部进行感知，而成人的整体感会更强。美感产生于事物与心理活动之间的交流，是人们欣赏美的事物时所产生的一种愉快的心理体验。美的感知有不同的层次，服饰美感包括简单的感觉和较复杂的知觉。服饰品除了功能外，还体现对美的追求。服饰品的装饰性就是为了美观，服饰品增强了美的效果，这种美感体现一定的综合性，是外在美与内在美的统一，是形式美与内容美的统一，如图1-8所示。

图1-8　GUCCI真丝围巾（2020年）

在人与自然的交融过程中，各种器物在实际应用的基础上更加注重审美追求，在造型、色彩、纹样等方面不断完善，使服饰配件日趋完美。如我国新石器晚期的龙山文化遗址出土了簪发玉笄，笄上镂刻有精美的饕餮和鸟首等装饰纹样。如图1-9所示，古代妇女常用的步摇簪珥，造型别致精巧，步摇以金银为首，以桂枝相缠，下垂以珠，用各种兽禽形象以点翠作为花胜，将其插于发髻之上，步则动摇。簪的造型美观夸张，簪长一尺有余，一端饰以花胜，加上以翡

图1-9　银珐琅步摇簪（藏于中国台北故宫博物院，清末民初）

翠点于羽毛、嘴衔白珠的凤鸟。簪在古代被普遍使用，既有固定发髻的作用，又可作为装饰。另外，横插于发髻上的镊、花枝状的花胜、骨制的鸥等装饰物，都是非常美观的头饰。

三、服饰品的分类

服饰品的分类方法有很多，主要有以下几种。

（一）根据人体佩戴部位差异划分

服饰品分为头饰、发饰、颈饰、耳饰、胸饰、腰饰、臂饰、腕饰、腿饰、足饰等。

（二）根据功能性差异划分

服饰品分为日用性物品和装饰性物品，前者包括帽子、围巾、鞋袜、手套、箱包等，后者包括发夹、别针、耳环、手镯、项链等，如图1-10所示。

（三）根据材质差异划分

服饰品分为纺织品类、毛皮类、金属类、贝壳骨头类、珍珠宝石类、塑料类、竹木类和其他材质类等，如图1-11所示。

（四）根据风格差异划分

服饰品分为现代都市风格饰品、另类创意风格饰品、民间手工艺风格饰品、典雅高贵风格饰品、民族元素风格饰品等，如图1-12所示。

（五）根据搭配部位划分

（1）帽饰：戴在头顶上的饰品。
（2）首饰：用于头、颈、胸、手等部位的饰品。包括：耳环、项链、戒指、手镯、手链、面饰、鼻饰、腕饰、唇饰、牙饰、臂饰等，如图1-13所示。
（3）颈肩饰：用于颈、肩部的以纺织品为主要材料的饰物，如领带、围巾。
（4）腰饰：用于腰间的各种装饰，如腰带、腰封。
（5）鞋袜饰：用于脚部的物品。
（6）包饰：可背、挎在肩上或拎在手上的包袋。
（7）花饰品：仿造自然界中植物、花卉造型的饰物。
（8）其他配饰：眼镜、手表、手套等。

图1-10　帽子、围巾、鞋袜和手套

图1-11　毛毡、塑料、宝石、金属服饰品

图1-12　民族风格服饰品

图1-13　项链、手链、眼镜

（六）根据工艺差异划分

服饰品分为缝纫饰品、刺绣饰品、编织饰品、编结饰品、镶嵌饰品、焊接饰品、琢磨镂空饰品、热塑定型饰品、烧制饰品等，如图1-14所示。

图1-14　刺绣小包、树脂戒指、陶瓷挂件

第二节　服饰品的功能

服饰品除了满足一定的实用需求以外，还兼具美化装饰功能，有时用来表征信仰崇拜，象征一定的社会地位。

一、实用需求

绝大多数的服饰品首先是为了实现某种功能，满足实际的需要。对服饰品设计而言，实用就是适用、合体、穿戴自如。实用需求要求设计师应当以人体结构和行动规律为设计出发点，如鞋袜要大小适中，领口和袖口装饰要便于人体活动。实用需求要求服饰品设计时要根据需求选择结构、材料和工艺，要与服装相呼应，以求实用与美观的统一。

二、美化装饰

美化装饰是服饰品的另一重要功能之一。爱美之心人皆有之，消费者的审美心理是设计师设计时需要认真研究的因素之一。装饰品材料和工艺因人、因物而异，要实现美化装饰作用，让人们感受服饰品之美，服饰品与服装要协调统一。服饰品的尺寸、色彩和结构等方面的设计既要体现静态美，摆在陈列架上要有美感，穿戴在身上同样要有美感，要展现动态之美。

三、信仰崇拜

有些特有的装饰品是信仰和崇拜的象征，如特有的图腾象征着民族、种族和祖先，尤其是原始部落和土著民族，会在身体上、服装上、装饰品上甚至日常用具、祭祀工具上都装饰有图腾，具体到服饰品多为颈饰、头饰、腕饰等。这些装饰品的材料和图腾多种多样，图腾形象也不尽相同。有些装饰品还带有特定的宗教含义或巫术特征，起到护身、避邪、除魔、驱鬼、符咒等作用。很多羽毛、石头、动物的骨、齿、贝壳等物被制成项圈、鼻针、耳环、面具等装饰物，悬挂于身。

四、地位象征

服饰品也象征着地位和权力。等级社会往往通过服装、装饰品和穿戴方法来区分尊卑等级，这种形式和观念一直延续下来，现代社会的某些服装和服饰品穿戴习惯还能寻到它的踪影。特定职业仍以穿戴某类装饰品来表征神圣的地位。某些品牌的装饰品通过品牌价值的创造也可以彰显财富和权力。

总之，服饰品的功能不是孤立存在的，一般都是多种功能并存，受所处时代、环境和人们观念等多种因素的影响。设计师在设计服饰品时均应综合考量。

■ 第三节　服饰品与服装设计

服饰品设计与服装设计既相互独立，又关系紧密。进行服饰品设计与应用，首先要正确把握和处理好两者之间的关系。

一、服饰品与服装的关系

（一）服饰品与服装相互独立

服装是一个内涵丰富、多层次和多角度的概念。服装是衣服和鞋帽等的总称。"服"有御寒防暑的实用功能，"装"有装饰美化的艺术效果。服装是依附于人体具有实用性、装饰性、保健性、舒适性的结合体，是文化的象征，是人类思想的体现。它不仅能美化人的仪表，还在一定程度上反映着一个国家、一个民族的政治经济面貌，是一个国家民族文化的重要组成部分。服装与社会文化的发展是密不可分的。广义的服装概念包括部分服饰品，如帽子、鞋、包和围巾等。而服饰品，是服饰配件的总称，如鞋、帽、袜、手套、腰带、提包、围巾、手帕、首饰等，同样具有实用功能和装饰功能。

（二）服饰品与服装相互融合

随着科技飞速发展，新材料、新工艺、新理念层出不穷，服饰品与服装的品质在不断丰富和提升，但是服饰品和服装之间的界限越来越模糊，出现了相互融合的趋势。这种融合表现为两个方面，一是物理上的重叠，服装上开始自带饰品，有些独立的配件，如帽子、领带、腰带等，可以直接作为服装的一部分。二是设计理念的融合，表现为以往服饰配件上特有的材料、结构、图案、颜色等设计元素被应用到了整体服装上，如图1-15所示。服装越来越重视其装饰性要求。两者结合日趋紧密，互相影响，在艺术时尚领域共同发展。

图1-15　服饰品与服装的融合

二、服饰品设计与服装设计

（一）服饰品风格和款式应与服装设计协调

服饰品的从属性决定了服饰品的设计与搭配都应当与服装的风格和款式相协调，真正发挥其对服装的衬托作用。服装因材质和款式不同风格也不相同，服饰品的设计与佩戴要与之相匹配。例如，田园风格的服装，最好选择碎花典雅的布包、天然材质的项链、草编的帽子等服饰品来搭配；朋克风格的服装，服饰品可以选择帅气硬朗的皮包、金属质感的首饰等来搭配，如图1–16所示。

（二）服饰品色彩和材质应与服装设计协调

色彩和材质在服装设计中起了关键的作用，服饰品设计时，选用的色彩和材质也应和服装整体相协调。例如，亮丽的服饰品适合色彩艳丽的服装，朴素的服饰品适合色彩深沉的服装。服装色彩和材质对穿着者身份和年龄的要求，同样适用于服饰品设计和佩戴。成熟的女性应当尽量选择佩戴贵重、精致的服饰品，年轻女士更适合选择质地好、色泽好、款式新潮的服饰品，如图1–17所示。

三、服饰品设计与流行趋势

（一）服饰品设计应符合社会趋势

服饰品的样式会反映出某个时期的主要社会趋势。服饰品会深深地打上时代烙印，生活在某个时代的人会受到时代潮流的影响。这源自人们的从众心理，这也是服饰品社会趋势发展的基础。服饰品设计师要善于发现这种社会趋势，在大多数着装形象中可以反映出这个时代追逐的服饰美的共性，设计师应当认真捕捉这一共性进行服饰品设计。

经济和科技的发展对服饰品的工艺和材料影响较大，一个时代的服饰品在工艺和材料上会存在共同的特征。例如，20世纪莱卡的发明，为袜子材料开辟了广阔的天地；蕾丝的发明也使服饰品材料发生了变化。皮革机、钉扣机、电脑绣花机、仿手工针法缝纫机等机器设备的发明，使服饰品工艺发生了翻天覆地的变化。

其他艺术形式也会对服饰品设计产生影响，服饰品设计师还应善于借鉴同时期其他艺术形式，从中获得设计的灵感。例如，19世纪末20世纪初欧洲的"新样式艺术"对当时的服饰品产生了巨大的影响，当时鞋子和手套上的图案大量运用流畅的线条和曲线造型。1965年圣·洛朗"蒙德里安裙"以抽象几何图案印在裙子上为特色，如图1–18所示。以荷兰风格派画家皮特·蒙德里安的作品《红、黄、蓝构图》为设计灵感。

图1-16　服饰品与服装设计的风格款式相协调

图1-17　服饰品与服装设计的色彩材质相协调

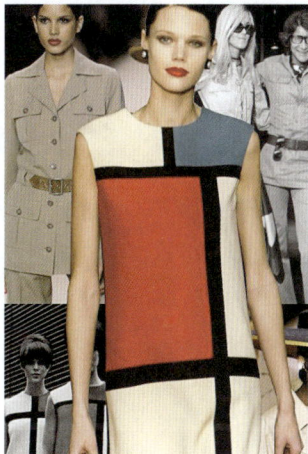

图1-18　圣·洛朗"蒙德里安裙"（1965年）

（二）服饰品设计应符合流行趋势

无论服装还是服饰品，均有流行趋势，服饰品的流行趋势反映了某段时间社会认可和推崇的服饰品式样。服饰品设计师也要时刻关注相关的流行趋势。不是所有类别的服饰品都会受到流行趋势的强烈影响，有些类别服饰品会随流行趋势变化而发生巨大变化，如鞋和包；有些类别变化则较小，如帽子和围巾。服饰品的流行趋势还受到宗教信仰、民族风俗，甚至政治、经济变革的影响。例如，元朝蒙古族统一中原后，蒙古族的服饰取代了汉族的服饰，男子流行起戴暖帽；19世纪欧洲宫廷男子佩戴的长卷假发，也被随后的工业革命浪潮所淘汰。

第二章

服饰品设计的要素与原则

教学课题： 服饰品设计的要素与原则

教学学时： 4课时

教学方法： 任务驱动教学法

教学内容： 1. 服饰品设计的要素

2. 服饰品设计的原则

教学目标： 1. 了解服饰品设计的要素。

2. 了解服饰品设计的原则。

3. 了解并掌握服饰品设计的要素及原则，并能够在服饰品设计中灵活运用。

教学重点： 掌握服饰品设计的要素、原则。

课前准备： 学生需提前查阅相关资料，搜集相关服饰品设计优秀作品实例。

第一节　服饰品设计的要素

一、服饰品设计的主题

服饰品设计包括首饰设计、包袋设计、鞋帽设计等。设计服饰品首先需要确定设计主题。设计主题是服饰品设计的灵魂，是影响设计作品成功与否的最重要因素之一。主题名称就是设计作品的名字，就像一篇文章的名称，在设计中起着统领和贯穿整个作品的作用。设计作品的艺术性、审美性以及实用性通过主题的确立充分体现出来。同时主题又可以反映出时代气息、社会风尚、流行趋势及艺术倾向。下面是一组包袋的设计主题板，主题名称为方圆之间，如图2-1所示。

确定设计主题首先要进行设计前期调研。设计前期调研是指对服饰品流行趋势进行分析和归纳后所设定的设计主题。如对世界主要服饰市场法国巴黎、中国香港和日本东京饰品的风格特色进行分析，对国际流行色的预测等。设计前期调研需要尽可能地全面覆盖影响服饰品设计的所有因素。服饰品设计主题确定后，还需要对每一件饰品做独立的主题设计。每件服饰品的设计主题应该与整体设计主题相符。下面列举的是学生作品帆布包的原创设计全过程，从主题到款式再到打板制作最终完成成品，如图2-2、图2-3所示。

设计主题确立后还应确定下一步的设计作品定位，包括款式、材料、色彩等要素的确定。服饰品分类极其细致，作为辅助性的配饰品，也应符合服装的整体定位和风格造型，如图2-4所示。

图2-1 《方圆之间》主题板（作者：黄天赐）

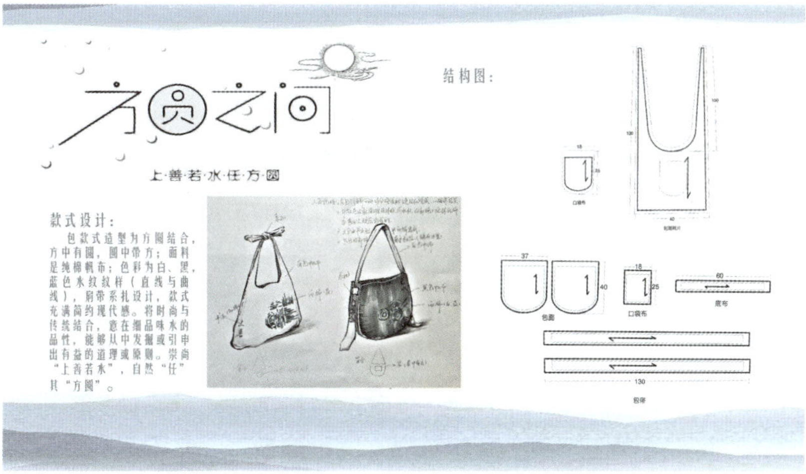

图2-2　包袋款式和结构图（作者：黄天赐）

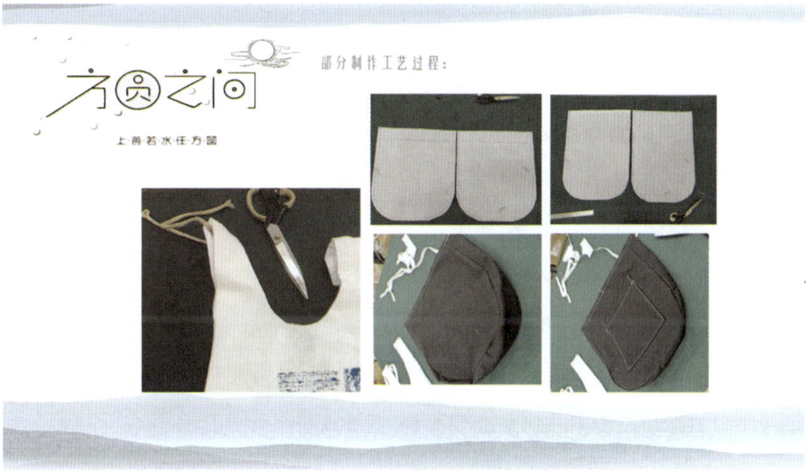

图2-3　包袋制作过程（作者：黄天赐）

图2-4　包袋完成图（作者：黄天赐）

二、服饰品设计的材料

服饰品材料的推陈出新是服饰品设计创新的首要问题。人们对服饰品材料的需求具有相对固定性。例如，首饰以金属、珠宝、塑料为主；包袋以布料、绳线、皮革为主；鞋帽以毛毡、皮革、席草、布料为主；腰带主要采用皮革、金属链饰等。服饰品设计的材料主要由材料供应商和设计师协作完成，材料供应商负责用新的技术手段生产新型材料，设计师作为材料的使用者，既要合理利用手头的材料，还要善于开发材料。同一种材料可以有千差万别的用法，材料组合会产生丰富多样的视觉效果，但无论材料新颖与否，都要讲究和谐与美感。考究的材料选择，既要体现服饰配件与材料的协调性、合理性及美观性，又要通过对现有材料的创造和新型材料的利用，使服饰配件的外观更新、更美和更实用。

服饰品设计材料的选用主要体现在以下三个方面：

（一）选材的合理性

合理性是选材最基本的要求，不同种类的服饰品对材料的要求也不相同。材料的组织结构和加工手段差异也会使同一材料在视觉效果上产生差异。绝大多数情况下，设计师所使用的材料均为普通材料，关键在于材料如何再造。服饰品设计时应将材料的特征和肌理效果展示出来，充分发挥材料的优势，充分展示服饰品的美感。每一种材料都有特定的形式和特殊的肌理效果，这就构成了服饰品设计重要的设计要素。不同材料质地、纹理不同，产生的美感也不同，在服饰品配件的设计中既可以利用这些材料天然的质地与纹理，也可以借助创新的组织变化，使其在视觉和触觉上产生新的创意，使服饰配件作品更丰富、更优美，如图2-5所示。

（二）材料的综合应用

常用的服饰品材料有金属、宝石、塑料、玻璃、布料、陶瓷、木、石、竹、草、漆、纸张等。相同类型的材料组合在一起可以产生统一协调的观感，而不同类型材料的组合可以给人以对比和变化，更具感染力和表现力。例如，木材和金属是两种完全不同的材料，它们的外观效果、纹样肌理、质地差异巨大，将木材和金属结合在一起，可以设计出古典华丽的镶嵌式首饰，材质的对比、质感的优美都能恰到好处地表现出来。再如，贵重金属与珠宝组合、一般金属与有机玻璃组合等。在软体首饰中，布料、皮革、绳线等软材料与珠串或碎钻组合，软中有硬、柔中有刚，造型别致、活泼动人。材料组合运用强调搭配适中，面积、色彩、造型比例协调，有新意、有创造，如图2-6所示。

图2-5　饰品选材差异带来的美感差异

图2-6　材料的综合运用

（三）开发利用新型材料

　　配饰的选材可以是经加工的自然材料，也可以是人工制造材料。塑料、橡胶、陶瓷、人造宝石、绒皮类、毛麻类等人工制造的材料在现代服饰品中应用得非常广泛，如图2-7所示。有些民族至今还有以活的昆虫、动物，如小蛇、萤火虫、小鱼等作为装饰物。新型材料价格低廉，外形美观，可塑性强，更易于满足服饰品时装化、环境化、季节化、个性化和多样化的需求，如图2-8、图2-9所示。

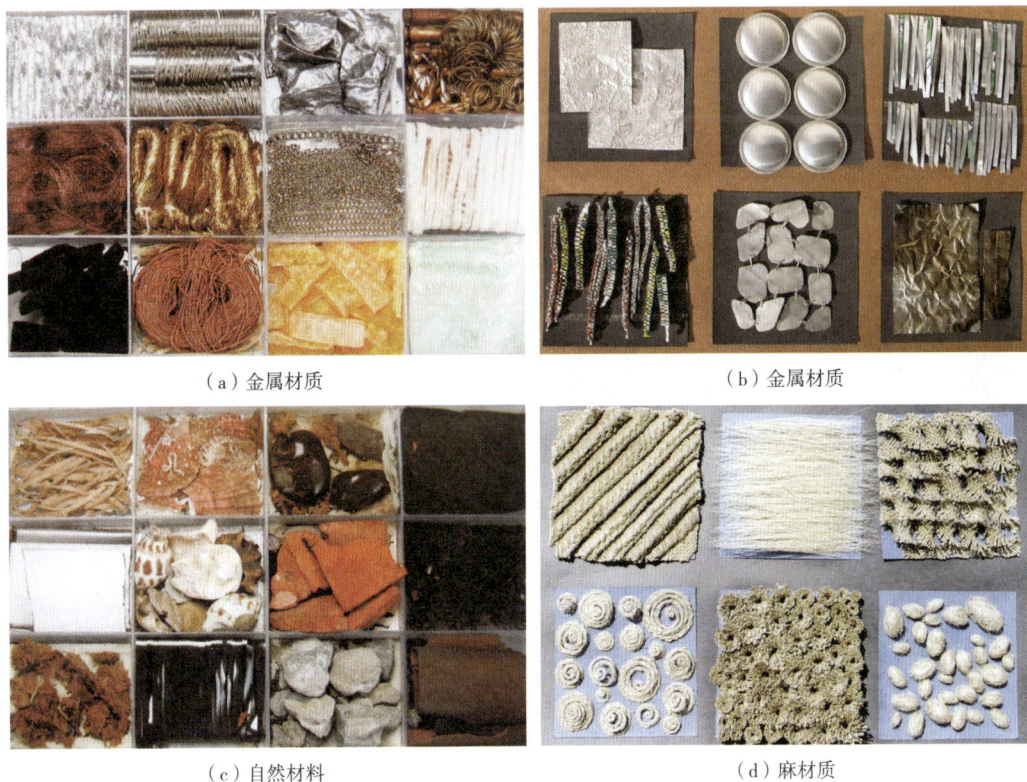

（a）金属材质

（b）金属材质

（c）自然材料

（d）麻材质

图2-7

（e）纸制品

（f）牛皮纸开发

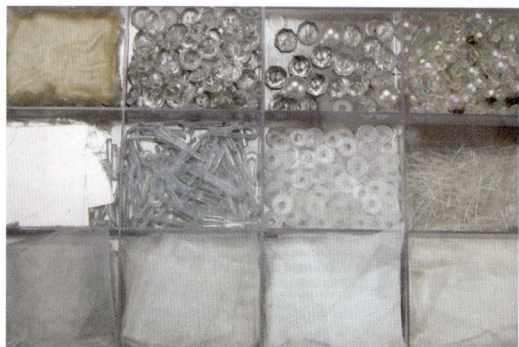

（g）塑料制品

（h）塑料材质开发

图2-7　各种饰品材料

图2-8　新型材料开发应用

图2-9　曼卡龙"萤火""物语"系列饰品

三、服饰品设计的色彩

　　服饰品的色彩会比款式和配饰更先被人们所关注。由于服饰品居于从属地位，主要用于美化和丰富服装，服饰品色彩在服装整体色调中同样只是点缀色，但是综观古今中外服饰品，有的造型可以不施纹样，但不能不施色彩。色彩和配色在服饰品设计中至关重要。服饰品设计应当关注色彩配置、色彩感情因素、色彩明暗对比和调和等多个方面，需要根据设计创意和设计目的选用适合的色彩组合和配置，必须符合和适应人们的视觉、心理、生理上的要求和审美习惯，按照人们所处的社会、民族等，根据人们的性别、年龄、个性、修养等多方面的因素进行设计。色彩组合主要有三原色组合，即红、黄、蓝三色组合，间色组合、复色组合、补色组合、邻近色组合、类比色组合等。不同组合方法可以形成不同的色彩效果，以实现协调和统一的目的。选用具有相同特征的颜色组合较容易实现和谐统一的效果，如选一组带有红色倾向的颜色（鲜艳的橘红色、玫红色、大红色），或是鲜艳的橘红色、灰橘红色、深灰橘红色。再如，首饰设计中在铂金项链上镶嵌蓝宝石，使铂金的金属色泽与晶莹的蓝色之间产生柔和、协调的感觉，整个作品显得高雅、名贵，如图2-10所示。而常见的K金项链上镶嵌淡淡的紫水晶，则会产生较微弱的对比，同样有清新、典雅的感觉。服饰品设计的色彩配置，还应当注意适当的色彩饱和度和适度比例的色彩面积，在手法上平衡、节奏、渐变、分隔等较为常见。

图2-10　2020年卡地亚戒指顶面和胸针

四、服饰品设计的表现形式

服饰品种类繁多，表现形式各异，但服饰品都是将艺术造型作为主要的表现手段。作品完整性和完美性都决定了形式上的协调性和匀称性。服饰品情感上的表现力主要体现在体积、比例、空间关系的处理上。服饰品设计通过平面和立体关系的组合，实现三维空间的艺术效果，并利用物质材料变化组合创造出具有美感的立体造型物，将平面纹样与立体造型相结合，以达到审美效果与实用功能的平衡。如图2-11所示，美国高街潮牌Off-White2019春夏工业风配饰系列好看又实用。除了能作为日常搭配饰品外，还有实用工具功能。其中"救生者项链"以军用挂牌为原型，镂空六角齿轮可作为拧螺母使用，其边缘反勾处也可作为开瓶器使用。而"螺母工业手链"以六角螺母与金属圈链接而成，可拆卸成单个作为普通螺母使用。"多功能戒指"同时是一个开瓶器，以开瓶器为辅型镂空出型。服饰品设计应着重通过形与形之间的主次、虚实、分合、交错、透叠等关系处理，增强视觉效果冲击力，并采取切削、打磨、盘丝、编绕、镶嵌、雕刻、切割、串联、烧制、缝缀、热固等多种工艺手段，塑造更加完美的服饰品。

| （a） | （b） | （c） | （d） |

图2-11　Off-White2019春夏工业风配饰

五、服饰品设计的工艺手段

服饰品设计需要有具体的工艺手段来实现，如果工艺上实现不了，任何设计都没有实用价值。服饰品工艺类别很多，主要包括切割、热固、切削、打磨、镶嵌、雕刻、压膜、盘丝、编绕、串联、刺绣、印染、钩织、编结等，如图2-12所示。随着科学技术的发展，工艺手段不断推陈出新，服饰品做工越来越精良，越来越考究。

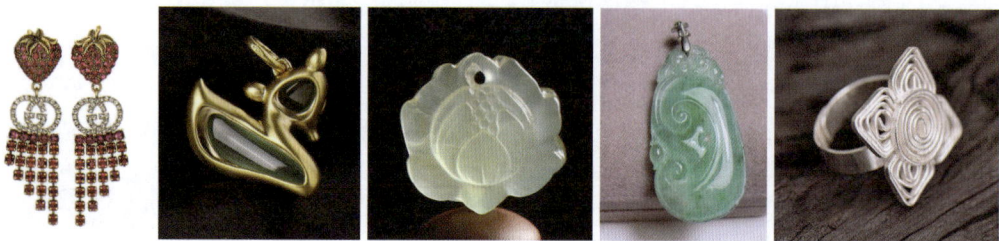

图2-12 切削、打磨、镶嵌、雕刻、盘丝

第二节 服饰品设计的原则

一、服饰品设计的艺术法则

服饰品既是商品，又是艺术。对于生产企业和销售商家来说，服饰品首先是商品，有市场才有价值。但是消费者首先看到的是它的款式、色彩和质地。服饰品设计师则更加关注艺术性。服饰品的艺术性是指在服饰品设计中，以审美价值为中心，应用艺术手法，形象化地表述和传递美学文化。服饰品设计既要注重服饰品的艺术性，又要注重商品性。当代的消费者既要求服饰品满足日用需要，又要求时尚美观。具有极强艺术性和时尚性的服饰品，能激发消费者的购买欲望，还能给人以美的艺术享受。

（一）服饰品创意的艺术性

服饰品创意所表现出来的艺术价值在服饰品设计中不可忽视。服饰品设计中的创意既要体现商业价值，又要体现艺术价值。设计师应当以富有美感和新意的信息、丰富的艺术构思和表现力，创作出别具一格、出奇制胜的服饰品。当然，服饰品创意活动不能单纯地追求艺术审美效果，还要关注市场和需求。对于服饰品来说，市场价值要高于艺术价值。服饰品创意塑造的是产品，形式和手法应当直观和经济，应当能够吸引消费者。另外，服饰品创意这种创造性活动，必须符合服饰搭配，能够引起消费者的关注，能够让消费者动心。服饰品创意需要为作品赋予强大的艺术感染力，震撼和冲击消费者的心灵，唤起消费者的共鸣，激发购买欲望，如图2-13所示的创意包。

（二）服饰品表现的艺术性

服饰品设计和表现应当具有较高的艺术性，符合美学、艺术规律，服饰品表现形式应当丰富、具有内在感染力。服饰品表现应当融合一切艺术和文化要素，如文艺、建筑、文字、绘画等因素，力求创造新颖、时尚、富有美感和个性化

图2-13 创意包

的服饰品。服饰品表现的艺术性增强了服饰品的功能性、趣味性、欣赏性和文化内涵，给人以精神上的愉悦，达到服饰品的艺术性与商业性的统一，如图2-14所示。

图2-14 景泰蓝挂件、青花瓷挂件、刺绣耳环

二、服饰品设计的美学规律

服饰品设计以追求发挥饰品的装饰作用来烘托服装整体美为目的。美学规律对服饰品设计具有重要作用，我们只有运用美学规律中的形式美法则，不断创新，才能设计出更多更美的服饰品。形式美是指自然、生活、艺术中各种形式因素（色彩、线条、形体、声音）的自然属性及其有规律的组合所具有的审美特性。形式美基本原理和法则是对自然美加以分析、组织、利用形态化了的反映。本质上就是变化和统一的协调，包括和谐统一、调和与对比、均衡与对称、节奏与韵律等。

（一）和谐统一

和谐统一是构成中最为完美的表现形式。和谐统一原则适用于所有视觉设计艺术，服饰品因其品种多样尤需遵循。如设计制作轻巧柔美作品，选材上就要避免选用粗糙的木头、分量十足的不透明石材、粗壮的链条等材料，应当选用高明度、中高艳度主调的色彩组合，流畅而纤巧的外形。每一件服饰品都有它特定的使用场合，不同的形制、材质、色彩的组合，会产生不同的感受。在一件完整的作品中，这个差异应该适

度，否则就会产生紊乱，要在多样中寻求和谐统一，使复杂的、变化的因素统一起来，达到完美。而过分的统一会使作品显得单调乏味，统一下的多样性可以弥补这个缺陷。

图2-15 和谐统一与变化

也就是说，统一不只是按照某种模式进行，它是多层次、多角度、多侧面、多样化的。服饰品中的每一件作品都可被视为完整的艺术作品，它的美观与否在很大程度上取决于设计构成、取材、设色、工艺等多方面的和谐统一。因此在设计中，尽可能地在多样中寻求统一的因素，在统一中寻求多样的变化，使两者有机地结合起来，达到一个适中点，创造出一件和谐美观的作品，如图2-15所示。

（二）调和与对比

调和区别于和谐，它是指由相近、相同的因素有机地组合，在相互关系上呈现较明显的一致性。在色彩上，相似或相近的色彩配合；在造型上，相近或相似的线条、结构、形体有规律地组合；在选材上，相近或相似的质地、纹理、手感组合。

对比是以相异、相反的因素组合，将其对立面十分突出地表现出来，以此来突出服饰配件作品的强烈、夸张、尖锐、层次分明等效果。对比的手法在服饰配件设计中应用得很普遍，但对比的程度也存在适度的问题。强烈的对比方式包含色彩中黑与白对比、红与绿对比，在造型上直线与曲线对比、块面的大小对比，在材料质地中柔软与坚硬、细腻与粗糙的对比等。如果过分强调对比，可能会造成极端而失去美感。在首饰设计中，对比的尺度可从弱对比渐渐地过渡到强对比，而最终目的还是达到调和。它们是一对矛盾的统一体，而矛盾是可以互相转化的。调和与对比相辅相成，过于强调调和会导致乏味，过于强调对比则容易引起视觉上的混乱，所以应当把握好两者之间的度，如图2-16、图2-17所示。

图2-16 2020年古驰（GUCCI）戒指与耳环 调和中有对比

图2-17 蔻依（Chloè）水桶包 调和中有对比

（三）均衡与对称

均衡是均齐平衡，在一件服饰配件作品中，假设有一个视觉中心，在这个视觉中心两边的分量相近则可达到均衡。体积的大小、色彩的浓淡、造型的动态等方面均可得到视觉上的平衡感。如果按照杠杆平衡的原理，支点两边分量相近，则可取得均衡。

规则的均衡称为对称，对称是体现均衡的一种最简单的表现形式。如果视觉中心两侧的分量相等，则形成一种完全相同的画面。对称的视觉效果稳重、安定、有序。在服饰配件中是最常用的方式，如项链、耳环的设计多以左右对称为主，皮包、皮鞋、手套也多为对称形式。对称形式除了左右对称外，还有上下对称、上下左右对称、对角对称、四角对称、八角对称等多种形式。以中心点为对称中心，有三面对称、四面对称和多面对称。作为对称中轴或基点的点、线、面称为对称点、对称轴、对称面。以其中一种作为基准，可将原始的形反复配置、重复出现，或以相反的形反复出现。

从原始艺术到古代波斯艺术，从古希腊艺术到中世纪初的西方艺术，对称手法在服饰品中运用非常广泛。但是如果艺术过分强调秩序，同时缺乏足够活力的排列，就必然导致一种僵死的结果。艺术自从脱离原始期后，严格的对称手法便逐渐被更为灵活的均衡观念所取代。均衡与否实际取决于人的心理感受，其外在表现就是特定范围内形体的相对均衡，如图2-18所示。

图2-18　均衡与对称

（四）节奏与韵律

节奏本为音乐中的名词，是指按照强弱组织起来的音的长短关系。在原理上，节奏的规律与文学、艺术、实用美术等各门类有一定的相通之处，在广义上已成为各类艺术常用的名词。在服饰品设计中，节奏则指构成因素的大与小、多与少、强与弱、轻与重、虚与实、长与短、曲与直等有秩序的变化，也就是指一定单位的有规律的重复或形体运动的分节。在形式美中，节奏感是一个很重要的因素。

节奏在造型处理上，可以产生多种律动感，如形状、大小、位置、比例等作有规律的排列和增减并形成段落，可以将其分为单位重复节奏和单位渐变节奏。单位重复节奏的特点是由相同形状作等距离的排列，如二方连续式排列、四方连续式排列、循环式排列、放射状排列等，都是最基本的节奏形式。单位渐变节奏也具有重复的性质，但其每一个单位都包含了逐渐变化的因素，如形状的渐大渐小、位置的渐高渐低、色

彩的渐明渐暗、距离的渐远渐近等。让一个基本单位重复运动形成轨迹，产生连续的动感和节奏；生长势态的节奏，基本形逐级增大、增高以产生节奏；反转运动的节奏，线的运动方向或基本形运动的轨迹做左右、上下、来回反转，尤其是曲线形式可产生较强的节奏感，如图2-19所示。

图2-19　造型上的韵律与节奏

　　韵律本为文学中的用语，指诗词中的声韵和节律。韵律一词也广泛用于其他艺术门类中。在造型艺术中，韵律是指既有内在秩序、又有多样性变化的复合体，基本单位多次反复，在统一的前提下加以变化。

第三章

服饰品设计的方法与步骤

教学课题： 服饰品设计的方法与步骤

教学学时： 4课时

教学方法： 任务驱动教学法

教学内容： 1. 主题确立
2. 制作过程

教学目标： 1. 从构思形成、主题确立、选定材料、制作过程四个方面学习服饰品设计的方法。
2. 深入细化学习四个过程。

教学重点： 掌握服饰品设计的方法、步骤。

课前准备： 学生需提前查阅相关资料，了解从古至今国内、外服饰及服饰品设计的方法，搜集相关服饰品设计过程的实例。

第一节　主题确立

服饰品设计的构思是将观念中的艺术形象通过设计以艺术作品的形式体现出来。对设计师来说，首先应该关注构思的思维方法，这是设计方法和艺术创作中最重要的一个环节。构思形式和方法不仅需要充分发挥主观能动，还需要对设计灵感的捕捉和物质材料进行选择。

一、灵感捕捉

灵感是思维过程中认识飞跃的一种心理现象。灵感的产生一般具有随机性和偶然性，稍纵即逝。灵感是创造性思维的结果，具有新颖性和独特性。某个偶发事件或环境因素会引发设计师的灵感。灵感的出现和捕捉能够突破人们常规的思路，产生特殊的效果。由于灵感的突现和启示，人们的思维活动突然活跃，有众多的思绪闪现出来，这样就给艺术创作增添了很多新思路，使之突破常规，达到全新的创作境界。

二、构思形式

服饰品设计构思依赖于人的思维形式。设计师在创作时，必须遵循创作构思。构思有其出发点和指导思想，宏观上能够帮助设计师运用正确的思维方法来设计最佳方案。构思形式主要包括以下典型类别。

（一）模仿

模仿来自人的本能，是人类最自然、最原始、最具有生命力的思维方式之一。随着科技的进步，人类的模仿由本能、自发地上升到有思考、有意识地模仿，模仿的水平也由简单的外形模仿上升到了复杂的功能模仿，如飞机模仿鸟禽的飞翔、计算机模仿人脑的功能。服饰设计的模仿更加注重装饰性，并从对自然的模仿当中得到艺术的灵感。自然界绚丽多姿的自然景观、动物和植物的美给人们提供了无穷的创作来源。因此，服饰品设计师能够在对自然、社会和生活的模仿中展示创作才华，不断地创新，如图3-1所示。

（二）借鉴

借鉴是一种重要的构思形式，是设计大师们常用的思维形式。借鉴是指对新技术和其他艺术形式的某些优点加以借鉴和创新，从中汲取灵感，启发设计构思，创作别有心意的服饰品。数字科技的发展，大幅拓宽了艺术视野，为服饰品设计带来多元创作启示。设计师应当增强自身的艺术敏锐度，搜集、积累、筛选和应用各类信息，结合自身创作，进行创新设计。借鉴可以促进设计思维，拓展思维范畴。例如，在服饰艺术上流行的回归自然之风、东方乐章之风、中世纪华丽贵族之风等，都反映出合理借鉴的思维方法，如图3-2所示。

（三）继承

继承即在延续传统的基础上进行的创新。传统是在漫长的历史发展进程中形成的各种风格、形式和种类。艺术风格或样式的形成和演变是一个渐进的过程，基本上是在后代继承前代的固有形式下，再慢慢尝试一些创新的改变，这样人们会更容易接受这种改良。继承型的服饰品设计形式强调推陈出新，它与复古怀旧有一定的区别。服饰品设计中的继承是一个复杂的过程，更强调对传统内容、形式、审美、风格等多方面的分析与学习。在服饰品设计过程中，设计师应继承传统中优秀的部分，去其糟粕，结合当代流行趋势，形成既具有民族特色又符合当代流行的创作，如图3-3所示。

图3-1　仿蝴蝶、仿牙齿、仿鸟禽设计

图3-2　风格借鉴——中国风和中世纪风

图3-3　继承民族风格——珐琅掐丝、刺绣、漆艺

三、构思方法

构思方法是构思方式的细化，常用的构思方法主要包括以下五种。

（一）发散思维

服饰品设计构思时，要综合设计的主题、内容、色彩、营销对象和地区等多方面的因素，这些作为思维空间中的基点，向外部发散吸收其他的相关要素，如艺术风格、民族习俗、宗教艺术等一切可能吸收的要素，这种构思方法就是发散思维。人类在进行思维活动时，每接触一件事物，都会产生想象和联想，接触的事物越多，想象力越丰富，分析和解决问题的能力也就越强。通过发散思维，构思时会形成一个发散的思维网络，各类思想火花在思维空间中相互撞击，形成新的思维交点，产生新的创作思路。交点越多，撞击的火花越多，创作的思路也越开阔。在服饰品设计中发散思维构思的方式能够产生无穷的动力，具有很大的潜力，如图3-4所示。

（a）

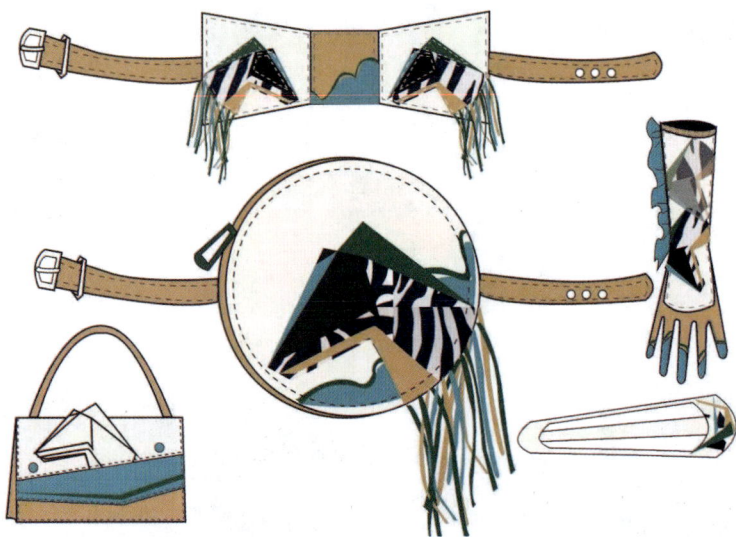

（b）

图3-4　民族风格系列设计（作者：杨欣茹、魏然、邢澜）

（二）逆向思维

逆向思维构思包含逆向思维模式和多向思维模式。逆向思维可以是不断否定自己的思维，也可以是不同方向、不同角度、不同侧面的思维。应用到服饰品设计中同样可以发挥很大的作用。著名服装设计大师伊夫·圣·洛朗就是一位勇于创新的艺术家，在他的整个创作生涯中，始终保持一种反叛的理念：他想毁灭旧的一切，以便创造新生。他以独具匠心的创造力创造出超前的、无可比拟的艺术品。使用常规思维，作品会流于平淡，没有个性。若运用逆向思维方法，打破常规标新立异，或许就能获得新生和突破。

（三）联想思维

联想又可称为想象，是服饰品设计中重要的思维形式。艺术离不开想象和联想。对事物的印象和记忆随着思维活动的展开促成了知觉和感觉形象的联系，就会产生一系列的联想。虽然想象和联想思维的形式往往是快速闪现或是模糊不清的，但却能被设计师在创作过程中及时捕捉，成为清晰的艺术作品。通过想象和联想，设计活动拥有了广阔的自由空间，设计师的思维可以在无限的未知世界中遨游。在服饰品设计中，充分发挥设计师的艺术想象力和联想力，调动起大脑思维神经各个触点的活动，积极、活跃地进行想象，找到创作的触发点，引燃联想的火花，进行再创造。

（四）错视思维

错视思维在服饰品设计中有时会产生出奇的效果。人们往往习惯于接受符合常规的视觉形象，而对变异的形象感到新奇。司空见惯的美会让人感到厌倦，一板一眼的作品会让人感觉索然无味。利用错视思维构思，在人们看惯了的视觉形象中有意识地将局部进行错位处理，改变原有的视觉形象，从而产生一种奇特、幽默和创新的意境。

（五）比较思维

在服饰品设计过程中，比较思维最为常见。不同地区、不同民族、不同年代的服饰品具有不同的特征，我们需要认真熟悉和了解它们。只有从造型上、装饰手法上、风格特征上以及色彩运用上加以比较分析，总结出它们的共性和个性，才能产生新的思路、新的设计和新的作品。

四、确立主题

（一）主题调研

确立主题之前要进行详细的调研，综合考虑各种因素，提炼核心价值，从而确定

设计主题。主题的确定是设计师的创作高度、市场理念、设计语言的综合体现。主题的方向可以从任何一个方向出发，绘画、文学、时政、艺术、哲学、建筑、动物、时间、自然等都可以，最终在服饰品设计中用理念化、系列化表达展现出来。

（二）主题确立

针对确定的主题，从思想文化、艺术特征、造型形态、色彩机理、材料工艺、技术运用、叙述方式、价值取向、情感意绪、生活环境等诸多方面探索具体方案的可行性，最终形成能够体现主题思想，有创意、切实可行的设计方案。确立主题要以问题为导向，明确要解决的问题、总体的设计目标、设计理念以及设计的深入展开等。通过以上多方面的调研，最终可以试验性地确定研究主题方向和主题名称，下面以主题纸音齿曲女包系列设计为例展开说明，如图3-5所示，确立主题，设计灵感板。

（三）实施过程

正式展示项目是通过所有灵感、关键词、图片进行展现，是设计过程的第一步，也就是主题板的形成。例如，纸音齿曲系列女士挎包设计作品，灵感源于一种原产于乌克兰木质拼接艺术品摇弦琴，琴是一组链杆，演奏时一只手摇动摇柄，另一只手按动链杆，链杆控制音阶圆轮摩擦琴弦发声进而产生美妙的音乐。作者提取齿接摇旋琴的外形元素、齿轮和色彩元素，结合所选定的材料头层牛皮进行款式设计、皮雕纹样设计等，经过不断试验，最终完成了牛皮雕花女士挎包服饰配件作品，如图3-8所示。

第二节　制作过程

一、选定材料

制作前，根据确定的主题和设计方案，选择具体的材料。选材要注意合理性以及综合运用，重视新型材料的应用。在配饰面料选择上，可以先在实地市场采买或者网购面料小样，进行小型试验，试验成功后再大量采买所需材料。

此配饰使用的是植鞣革与木纹布的搭配，在材料的颜色质感上植鞣革与木纹布材料颜色较搭，厚度韧性较相配，适宜组合。在材料的选择创新上植鞣革有较强的塑造性，可以用皮雕、刻印、上色等工艺制作纹样图案等各种效果。纯天然的木纹布具有防水耐磨柔韧等特点，是一款环保的特殊面料（图3-6）。

二、试验阶段

试验阶段很重要，要根据主题和具体方案，试验性地采用相应的工艺方法以及材料进行探索性制作，总结经验，修正设计方案，为正式制作做好准备。

首先，进行效果图的绘制，如图3-7所示，将自己的主题与配饰进行组合延伸，进行市场调研工作，确定最终制作款的可行性，最后选定款式进行下一步的详细设计。

其次，绘制详细的结构图，如图3-8所示，标注比例数据，将纹样放置图中进行试验，标注每一部分面料需要的数量及面料纹样的经纬纱向。

有时可能会由于材料、工艺所限而改变第一稿款式图。每一件作品的最终完成和实现都是要经过不断地尝试后所获得的。

灵感板

灵感源
原于乌克兰乐器其实应该叫摇弦琴，激光雕刻花纹，最后进行拼装得到的效果，内部结构可转动，花纹装饰将借鉴到后续设计中。

纸音齿曲
小提琴之梦
Dream of violin

图3-5 灵感板（作者：张言墨）

植鞣革
植鞣革也称皮雕皮，经过鞣制后的皮革柔软紧实，延伸性小成型性好，可塑性高易于整形，非常适用于雕刻及皮塑。

木纹布
纯天然软木皮革布料，模仿软木的质感，拥有防水、耐磨、柔韧的特点，它易车缝，手撕不烂，可水洗，是一款环保的特殊面料。

图3-6 选择材料

图3-7 效果图
（作者：张言墨）

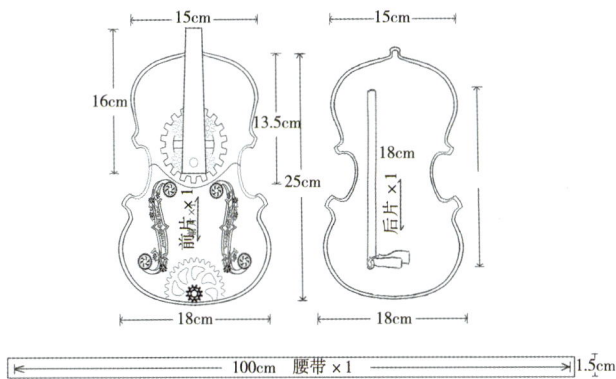

图3-8 结构图（作者：张言墨）

三、正式制作

根据调整后的设计方案开始正式制作,边制作边总结,及时修正设计方案,直至最终完成,如图3-9所示。

1. 裁皮

(1)先裁纸样,用硬纸板制作样板,保证纸板准确且不走形。

(2)用皮革笔或者锥子在皮革上印出印子,用剪刀或美工刀均匀裁剪出想要的形状。

2. 雕刻

(1)设计雕刻的图案纹样,并将图案描绘在透明纸上。

(2)将图案纹样运用圆头铁笔依图案纹样线条,转绘到湿润的皮革上。顺着皮革上转绘图案纹样的痕迹,使用旋转刻刀划出弯曲的图案轮廓线条。

(3)使用打敲工具及印花工具,在图案纹样上敲打出基本轮廓及阴影,并依设计敲打背景纹样,制造出图案纹样的立体感。

3. 打孔

(1)在缝线处划一条线,保证打孔不歪斜。

(2)使用菱斩或者打孔器,均匀敲出孔洞。

4. 缝合

使用皮革专用麻蜡线,针穿在两头来回缝。

5. 修整

(1)缝合背面,并装拉链。

(2)做修整,保证边缘完全一致。

6. 制作配件

(1)根据人体需要量取合适长度,制作包带。

(2)安装扣、带襻等五金装饰。

（a）　　　　　　（b）　　　　　　（c）

（d）　　　　　　（e）　　　　　　（f）

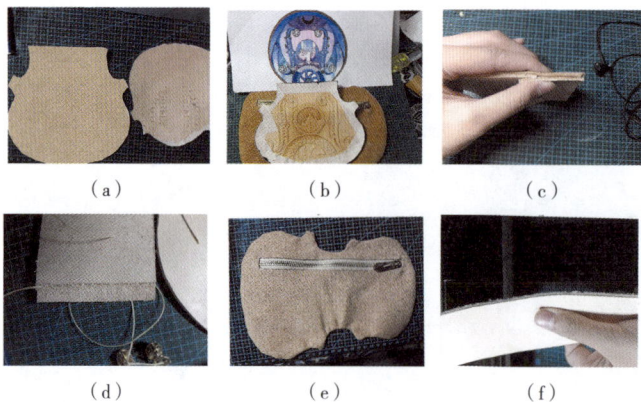

图3-9　制作过程（作者:张言墨）

四、成品展示

进行正反面效果图的拍照，并拍摄真人穿戴的效果，成品展示如图3-10所示。

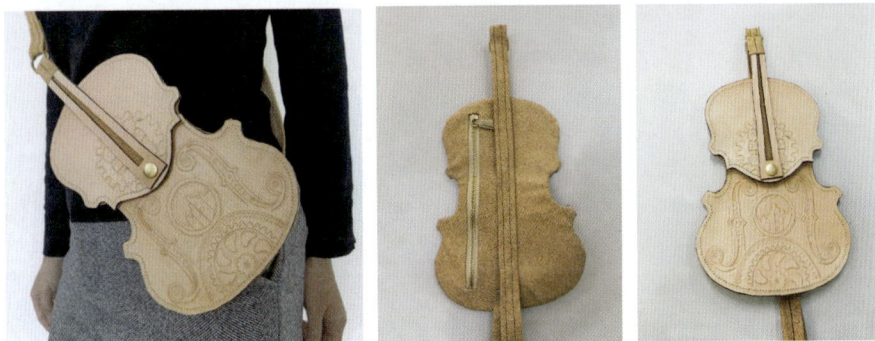

（a）成品效果   （b）实物细节

图3-10　纸音齿曲系列实物展示（作者：张言墨）

第四章 传统服饰品制作工艺

教学课题：传统服饰品制作工艺

教学学时： 8课时

教学方法： 任务驱动教学法

教学内容： 1. 服饰品制作工艺历史

2. 刺绣

3. 扎染

4. 蜡染

5. 钩织

6. 棒织

7. 编结

教学目标： 1. 了解并学习传统服饰制作工艺：刺绣、扎染、蜡染、钩织、棒织、编结。

2. 实践学习以上六种服饰制作基础工艺。

教学重点： 掌握以上六种传统服饰制作工艺。

课前准备： 学生需提前查阅相关资料，了解从古至今国内、外相关服饰制作技艺的种类和工艺方法。搜集使用六种技艺的优秀作品。

第一节 服饰品制作工艺历史

服饰品制作工艺是使用材料和工具制作服饰品的技术总称，传统服饰品制作主要是手工制作。传统制作工艺，本身就是古老的艺术品种之一，在人类发展史上占据重要地位。

一、服饰品制作工艺的出现

早在新石器和青铜器时代，中华民族的祖先就已掌握了服饰的造型、裁剪、缝制和编织等手工技术。象征世界古代文明的埃及尼罗河流域、美索不达米亚平原的底格里斯河与幼发拉底河周边、中国的黄河、印度的恒河及印度河以及墨西哥玛雅文明及南美印加文明的山岳地带都孕育了服饰品制作工艺。特别是拥有四条大河的亚洲大陆，是手工艺的重要发源地。闻名于世的丝绸之路，被称为文化的十字路口，使东西方文化交流变得通畅。

服饰品制作工艺大约出现在40万年以前的旧石器时代早期和冰河时代。距今3万年至1万年的旧石器时代后期就是冰河时代，人类以捕鱼、狩猎和采集食物为主，距今3万年前的奥瑞纳文化时期的作品——出土于列斯比尤格的维纳斯裸女雕像的臀部下面刻着几条垂直的线，好像是一种腰蓑（古人用草编成的一种系于腰际的用以蔽体的腰衣）。在北非发现的塔西里岩洞壁画中，狩猎和战争场景中的人物大多赤身裸体，可以看出其头饰、颈饰、腰饰及脚镯的制作材料像是草、树枝和鸟类羽毛。另外，还有彩色的文身装饰。在旧石器时代北京山顶洞人遗址出土的文物中，就有骨针这种粗糙的缝制工具，如图4-1所示，骨针长8.2cm、孔径0.31～0.32cm，原物1933年在北京房山周口店龙骨山山顶洞出土。随着时代的发展，服饰品制作工艺一直发挥着巨大的作用。只有充分理解、掌握经过历代人不懈努力而积淀下来的优秀的服饰品制作工艺，才能创造出更具新意和时代感的服饰品。

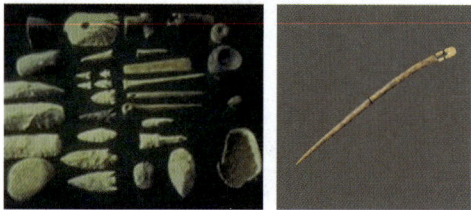

图4-1　北京山顶洞人遗址出土的骨针
旧石器时代晚期（5万年前～1万年前）

二、服饰品制作工艺的发展

（一）我国服饰品制作工艺的发展

中国服饰品制作工艺如同中国文化，是在各民族的互相渗透及影响下形成的。汉唐以来，尤其是近代，大量吸纳借鉴了世界其他地区和民族的优秀工艺，演化形成了以汉族为主体的服饰文化。

我国服饰品制作工艺的历史非常悠久，源自距今五六千年前原始社会的母系氏族公社的繁荣时期。这个时期出土的实物有纺轮（图4-2）、骨针、钢坠等，还有纺织物的残片。殷商时期，从甲骨文中可见的象形文字就有桑、茧、帛等，可证明纺织业在当时的发展。从出土的商代铜器上存有雷纹的绢痕和丝织物残片等，可见那时工艺水平的高超和精湛。《尚书》记载，早在四千多年前就"衣画而裳绣"。长沙马王堆一号西汉墓出土的丝织品和衣物中，有绣花的就达四十件之多，刺绣针法主要是锁绣、辫绣和平绣。在墓葬外棺装饰的铺绒锦，如图4-3所示，以烟色绢为面料，用朱红、黑、烟三色丝绒绣成斜方格菱形图案。刺绣针法为平针满绣，针脚整齐，绣线排列均匀，不露织物，刺绣针法纯熟。敦煌莫高窟发现的北魏刺绣，所用的锁绣针法已相当娴熟。我国服饰品制作工艺，周代尚属简单粗糙，战国渐趋精致，汉代开始展露艺术之美。在魏晋至隋唐期间，佛教鼎盛，信徒为示虔诚，选择费时耗工、代表尊荣的刺绣作为绘制供养佛像的方式，谓为佛绣，至唐代盛极一时，如图4-4所示。这类佛绣都为巨幅，至今犹有部分存于英国、日本的博物馆中，作品绣法严整精工，色彩瑰丽雄奇，动人心魄。宋代是我国服饰品制作工艺发展至高峰的时期，无论是在产品质量还是数量方面均属空前，特别是在开创纯审美的艺术绣方面，更堪称绝后。明代是我国手工艺极度发达的时代，继承了宋代优良的刺绣基础，继续蓬勃昌盛。清代服饰品制作工艺的发展，大致上承续着明代的技艺，除维持兴盛不衰而外，还为传统刺绣注入了新鲜血液。清末，外国衣料因价格低廉受到人们的欢迎，费工费时、工艺考究的绲、镶、嵌、绣等传统手工艺渐渐衰落，西方缝纫方式开始流行起来。尤其是女性的时装，由于缝纫精致、款式合乎时代潮流，影响尤大。

（a）河姆渡纺轮　　（b）新石器早期纺轮　　（c）新石器晚期纺轮

图4-2　纺轮

1885年，厦门开始生产欧式花边，直到中华人民共和国成立之前，我国的服饰品制作工艺主要是加工和复制，主要是仿比利时和法国花样，仿葡萄牙麦地拉的形式和维也纳式花边、爱尔兰式花边等。生产地为我国的沿海地区，先在一些通商口岸城市，而后发展到农村。中华人民共和国成立后，为了扩大对外贸易，改善人民的生活水平，服饰品制作工艺的生产得到扩大。

图4-3 铺绒锦——
长沙马王堆一号
西汉墓出土

图4-4 北魏 刺绣佛像残段

（二）国外传统服饰品制作工艺的发展

　　国外服饰品制作工艺起源于古埃及，发展于东方的古巴比伦、亚述及希腊，经欧洲加以传播，得以普及发展，经过哥特式时期、文艺复兴时期、巴洛克时期、洛可可时期及近现代得以全面发展。从公元前2850年~公元前2750年古埃及王朝的墓穴中出土了最古老的串珠刺绣断片。公元前1345年~公元前1200年古埃及第十九王朝的彩色浮雕（藏于罗浮宫美术馆）显示有刺绣，说明当时手工艺已经发展到相当的程度了。

　　公元前4000年~公元前330年，两河流域（底格里斯河、幼发拉底河文明）被古代希腊人称为美索不达米亚地区，经历了苏美尔时代、巴比伦时代、亚叙时代和波斯时代。苏美尔人会鞣制皮革，编织毛织物，发明了绗缝法，制作裙子、带子等。亚叙人在皮革或毛毡上用链状针迹缝制出漂亮的轮廓线。独特的走兽和几何图形，制成马具、口袋等，出现了由各种流苏、缨穗和刺花纹装饰的服装。公元前200年~公元700年，波斯文化风靡一时，高超的加工技术带动手工艺繁荣兴盛。不仅影响整个东方，还影响了地中海沿岸的拜占庭，对手工艺的发展做出了极大贡献。古希腊、古罗马文明给人类留下了珍贵的遗产。在爱琴海诸岛和小亚细亚沿海地区，有一个早于希腊城邦制兴起之前的克里特—迈锡尼文明，在服装制作和装饰工艺方面有独到之处，这种卓越的工艺显示了克里特—迈锡尼文明时期人们非凡的才能。

　　约公元前146年，进入古代西洋文明顶峰的古希腊时期。在欧洲历史上，古希腊是古典文明的楷模，而古罗马在继承了古希腊文明成就后，成功地将其在更大范围内向世界传播。随着罗马帝国版图的扩大，产生了东西方众多的传统工艺。借助罗马帝国发达的交通体系，产品贸易、文化传统、制作工艺都发生了碰撞和交流。这个历史阶段，服饰品制作工艺进入了充分发展时期。

拜占庭艺术的全盛时期（330～1453年），东方文化带入欧洲，并对西方文化产生重要的影响。以教会与宫廷为中心进行了发展，在教会的壁挂、祭坛用的铺垫及神职人员的服装上用丝线及金、银线、宝石等施以黄金刺绣、凸纹刺绣等精巧的手工技法。13～15世纪，服饰品制作工艺受罗马艺术、哥特文化的影响显得更为奢华，当时人们把奢侈当作一种嗜好。为了控制奢侈的发展，意大利于1200年左右颁布的奢侈禁止令中，禁止豪华的白色刺绣。这一时期，完成了大量厚重的、庄严的、华丽的作品，为以后的西欧手工艺术奠定了基础。中世纪人们爱好装饰的天性使刺绣更加蓬勃发展，贵族妇女和王后们的参与更加促进手工艺传播与发展，从13世纪起，专业刺绣艺人开始从事大宗日用品的生产，还成立了刺绣工匠的行会，促使手工艺的发展更为迅速、完备和进步。13世纪及14世纪英国驰名全欧的盎格鲁绣品是由专业绣工绣制的，当时从事这项职业的人大多是男子。15世纪的法国，哥特（Gothic）文化得到发展，每个讲究虚荣的家庭都常年雇用至少一位专业刺绣艺人，这对繁荣法国的手工艺起到推动作用。另外，古代东方发达的刺绣经爱琴海诸岛传入东欧与北欧，使东方技术与北欧文化相联结，造就了新的北欧刺绣。

进入文艺复兴时期（Renaissance）的欧洲，手工艺技术迎来了全盛期。

17世纪的服饰，展示了巴洛克式的风格，缎带、蕾丝、刺绣的应用大大推动了手工艺的普及与发展。1660年，法国出现了第一家皇家手工蕾丝工厂，生产出了可以与意大利蕾丝相媲美的"法国式"蕾丝。

18世纪，欧洲的蕾丝设计受到洛可可艺术风格的影响，呈现出更加纤细精巧的风格。针绣花边代替了法兰西式花边，应用高超技术与精湛设计制作出了阿朗颂花边与阿尔让唐花边，尤其是阿朗颂花边被誉为花边的女王。与此同时，17世纪末至18世纪初，欧洲与东方贸易往来频繁，东方的手工艺品传到了欧洲，对欧洲刺绣的艺术风格产生一定的影响。此后，具有异国风味的伊朗几何纹刺绣、印度金属镶片刺绣、约旦多色彩花草纹样刺绣等相继在欧洲流行。

另外，这个时期人们更热衷在室内装潢中大量使用刺绣品，如配套的刺绣椅套等，通常是一群女友或亲属聚集在一起，小组共同完成的。皇室女性刺绣和编织的传统一直持续了整个17世纪和18世纪。

19世纪至20世纪初，由于英国工业革命、法国大革命，衣服的式样发生了很大变化，人民把简朴的装饰艺术恢复到本来面目，在衣服上施加的刺绣量在减少。相反，随着机械的出现，缝纫机花边快速发展，制作出了梭结花边与针绣花边的混成花边，奠定了如今机结花边的基础。1861年，为了恢复创造优雅的艺术品，英国人莫里斯发起了工艺美术运动，这场运动使设计师认识到设计必须具有美感，尽管机器的出现取代了部分手工制作，但手工工艺仍以其机械工艺无法比拟的魅力存在于服饰品制作工艺领域。

进入20世纪，世界发生了翻天覆地的变化，人类的思想意识、社会形态、经济、科技、工业、艺术等经历了新的变革，其变化速度之快，是任何一个历史时期所无法比拟的，服饰品制作工艺也步入了一个崭新的现代手工艺时代。

服饰品制作工艺凝聚了人类的智慧和审美，具有独特的艺术效果。传统服饰品制作工艺历史悠久，形成了众多的门类，如刺绣、印染、钩编、绳结、扣襻、褶皱、镶边等。本章重点讲解几类常用的传统服饰品制作工艺。

■ 第二节　刺绣

刺绣，俗称绣花，是指在布、编织物、皮革等材料上用针和线进行刺、镂空、贴补、镶嵌等制作工艺的总称。

一、刺绣的起源

一般以为刺绣最早起源于古埃及，发展于古代的东方，包括我国。现存最早的刺绣是古埃及第一王朝（公元前3200年～公元前2850年）墓穴发掘的串珠刺绣片断，在古埃及第十八王朝（公元前1575年～公元前1308年）至第十九王朝（公元前1320年～公元前1200年）时期的纪念碑上，服装和家具上都添加了刺绣。如图4-5所示，右侧帝王衣着的前垂三角形围裙上装饰有金银饰物和刺绣，左侧哈梭女神衣着的裙子上也装饰了刺绣及玉珠宝石。公元前2000年～公元前1000年，在古巴比伦王国、亚述、古希腊等地也盛行刺绣。后来小亚细亚西北部的夫利丘阿人金银线刺绣的技法传入古罗马，经古罗马逐渐传入其他国家。

世界各地的美术馆保存了大量古刺绣，如公元前400年左右的古希腊亚麻布刺绣片段，俄罗斯帕基利科古墓发掘出的皮毛材质上毛毡贴花刺绣马鞍，约公元前200年中国广山的锦锁缝刺绣，公元622年日本的曼泰罗帐等。

受古希腊文化和拜占庭文化的影响，西欧修道院以旧约圣书、新约圣书的故事为主题，在法衣和祭坛蒙盖物和被子等物品上进行刺绣，成为僧院艺术和宫廷艺术的一部分，标志着教会盛行刺绣的黄金时代的到来。此时的代表

图4-5　古埃及第十九王朝的彩色浮雕（罗浮宫美术馆）

作品有14世纪初德国的亚麻布毛线刺绣画卷"曼尔迪拉的壁挂"，以及1116年的西班牙青色绢绫织物刺绣"圣托马斯·威开特的法衣"。

（一）欧洲刺绣的历史

刺绣技法从古代东方渡过爱琴海诸岛传入东欧、北欧，影响很大。此时代表作品有亚麻布地十色以上毛线刺绣"马其顿王妃的壁毯"，它将伊斯兰教系技法与北欧风格相结合，艺术价值非常高，如图4-6所示。

欧洲刺绣起初主要是豪华纤细的色线刺绣和金银线刺绣。13世纪，意大利颁布禁奢令，改用白亚麻布白麻线刺绣，这种白线刺绣技法，立体感明显，逐步形成了雕绣技法。随后，人们将刺绣与花边结合，抽绣和网状绣并用，设计出了古式针绣花边，如图4-7所示。

图4-6　马其顿王妃的壁毯（1066年左右，贝叶美术馆）　图4-7　针绣花边（16世纪，芝加哥美术馆）

在激烈的行业竞争下，受文艺复兴的影响，教会刺绣打破陈规，逐渐在百姓间传播发展。进入17世纪，宫廷刺绣向华丽和色彩鲜艳回归，厚重的衣服上添加了豪华的装饰。18世纪，法国路易十五洛可可时代流行缎带绣，被称为洛可可绣花。资产阶级革命以后，服装的形态发生了变化，服装上的刺绣逐渐被隐藏，女装也明显减少，但是室内装饰，比如家具和壁挂仍然分布较广。

19世纪，英国发明了褶饰，应用于连衣裙和衬衣的胸、袖等处。1850年左右，机器刺绣一出现，就迅速被广泛应用。英国的工艺美术家威廉·莫里斯（William Morris，1834～1896年）提倡的工艺美术运动，普及了新的装饰形式，对服饰品制作工艺带来了深远的影响，意义深远，如图4-8所示。

（二）我国刺绣的历史

我国刺绣始于虞舜。《尚书》说虞舜的衣服有五彩花色，上衣六种花纹，即日、月、星辰、山、龙、华虫；下裳六种花纹，为宗彝、藻、火、粉米、黼、黻，共十二种花纹，称十二章纹。"纹"在古汉语中意指用青、红两色线绣，"章"则指用红、白

图4-8　印花图案（贝母水仙、雏菊、银莲花）

两色线绣。刺绣最初主要用于装饰衣服以表征地位尊卑，在封建社会曾被历代帝王采用，并经增补成为冕服的形制，具有政治辅助工具的作用，后来逐渐在民间流行，成为服装的装饰，刺绣的艺术性逐渐被体现出来。

西周、战国刺绣服饰在文献中被形容为"素衣朱绣""衮衣绣裳"，既述说了贵族们豪华艳丽的服装，也道出了当时刺绣工艺发展的概貌。

汉代刺绣水平有了大幅提升，除几何纹、龙、凤、虎纹外，还出现云纹、茱萸（植物）纹等花纹。长沙马王堆汉墓出土的绣品中，就有花纹各异的"乘云绣""信期绣""长寿绣""茱萸纹绣""云纹绣"等绣品，如图4-9所示。针法除了锁针法外，还出现了平针、钉线绣等针法。此时的刺绣品多为贵族、富商使用。史料记载，刺绣曾作为外交赠礼，以及身穿绣衣代表中央的"绣衣御史"官员。

唐代的刺绣工艺技艺十分高超。《杜阳杂编》记载，"同昌公主出嫁时，有神绣被，上绣鸳鸯三千，并间以奇花异草。"受佛教影响，除了服饰上刺绣花鸟草虫之外，还出现了刺绣纯欣赏性的佛像经文，刺绣针法也十分丰富。梁人张率的《绣赋》，就叙述了刺绣的优秀传统和高超的技艺，记录了当时刺绣的成就和影响。

到了宋代，朝廷在首都汴京设有专为皇宫绣制御服和装饰品的"文绣院"，汴绣因而显赫一时。《东京梦华录》称汴绣"金碧相射，锦绣交辉"。宋代刺绣还受到绘画影响，一些仿山水画刺绣作品极为精美。宋代民间刺绣十分普遍，女子多勤习刺绣，自绣自用，刺绣针法也有了较大变化。

如图4-10所示为宋绣经典作品，高130.5cm，宽54cm。北宋欣赏类艺术绣已真正登上了大雅之堂，刺绣稿多以名家画作为蓝本，针法也在平绣的基础上创出了单套针、双套针、施针、刻鳞针、游针、扣针、扎针等。针法的增加，丰富了刺绣的技法及艺术表现力，同时也造就了宋绣发展中的高品位。该绣品的针刺技法精妙细微，神形并茂，鸟羽的蓬松毛绒、树木的苍劲盘结、梅花的冰骨清新、竹子的挺拔俊秀，都绣制得清至意达，使这幅经典的绣作达到了极高的艺术境界。绣面钤有"御书房鉴藏宝""乾隆鉴赏""宣统御览之宝"等。

如图4-11所示作品高27.3cm，宽28.3cm，现藏辽宁省博物馆。画面写实，画工精雅，为宋《缂丝绣线合璧册》中之一页。绣者以宋代绘画册页为蓝本，用刺绣技法将小小画页表现得气度非凡，运用刻鳞针、套针、切针、施针等绣出了虎皮娇凤鸟羽紧顺柔滑，站姿健美生动，回顾枝下宛然若活的神采；也绣出了竹的爽丽、梅的冶容姣好，凸显出宋绣极佳的艺术表现力。刺绣周围收藏有序的印鉴，说明不同身份的收藏者对此绣的高度欣赏和认可，有"姜氏二酉家藏""仪周珍藏"等印与乾隆、嘉庆皇帝诸玺，又有"继泽堂珍藏"印，乃为恭亲王奕䜣藏后所钤。亦有朱氏"朱启钤印""蠖公"两方印记，实乃为宋绣的上乘之作。

图4-9　龙凤虎纹绣品
（战国，湖北江陵马山
一号楚墓出土）

图4-10　《梅竹山禽图》
（北宋，中国台北故宫博
物院）

图4-11　《刺绣梅竹鹦鹉图》
（北宋，辽宁省博物馆）

明代刺绣更臻完美。宫廷绣坊规模庞大，绣品内容多为龙凤、云海之类，绣工精致，富丽豪华。民间刺绣也日益发达，出现了民间绣坊和刺绣行业。苏州一带几乎"家家养蚕，户户刺绣"。刺绣品种类繁多，有传统技法刺绣日常服饰，也有追求书画效果，以名家字画为蓝本绣字绣画。著名的民间刺绣品牌也应运而生，"顾绣"是当时著名的民间绣种，它始于嘉靖、万历年间，由上海顾氏一家所创，世代相传，是上层社会家庭女红的典范。顾氏孙媳韩希孟总结并创造性地发展了唐宋以来的技法，继往开来。著名的《洗马图》《白鹿图》《松鼠葡萄》等绣品被故宫博物院收藏。有文称其作品"劈丝细于发，其针则如毫毛，配色也多有独到之处。所以不仅翎毛花卉巧夺天工，山水人物无不逼肖活现"。

如图4-12所示为明代刺绣艺人韩希孟的代表作顾绣《韩希孟绣宋元名迹册》中的《洗马图》，于明

图4-12　《洗马图》

崇祯七年（1634年）用白绫地彩绣，高33.4cm，宽24.5cm。观察这幅画卷，真有淋漓畅快之感，极好的一幅绣作。画面结构壮阔秀美，人物形态、马、水波也很美。舒心的马匹，面露快乐之色，洋洋得意；水一定很清爽，岸柳飘荡，这时的阳光一定美得很。以针线传达画作的笔意，绝对需要高超的技法，这幅画卷就做到了，马匹的壮美，风景的暖意，洗马人的尽心，丝丝线线，一切都传达得如此真切、洞彻，真可谓佳作。

《洗马图》是在白色素缎地上绣成，画面上垂柳摇曳，树下一马夫正为一白色黑斑马刷洗，白马兴奋地在水波中昂首嘶鸣。此幅绣作完全模仿绘画的笔法用针刺绣而成，雄健的白马以顾绣中最擅长的擞和针顺其肌肉的纹理而绣成，逼真写实。白马身上的斑点则完全依照绘画中的点绘法绣成，虽然黑色绣线已脱落，但其针法仍旧依稀可辨。此外，绣画中也多处用笔渲染，这种"半绘半绣"、以绣为主、辅之以画的手法是顾绣最基本的特征。这幅绣成的《洗马图》形象逼真、栩栩如生、设色淡雅，体现出顾绣淡彩渲染的特征。对页有董其昌题赞曰："一鉴涵空，毛龙是浴。鉴逸九方，风横玉。屹然权奇，莫可羁束。逐电追云，成里在目。"

如图4-13所示，顾绣《韩希孟绣宋元名迹册》之第六幅《松鼠葡萄》，在白色绫地上绣成。一根虬屈苍劲的葡萄藤盘曲而出，一只松鼠窜跃其上，似欲攫取成熟的累串果实。这是秋季自然界中倏忽即逝的一帧小景，作者敏锐地捕捉住这一瞬间，将其定格于画面。画幅上松鼠仰爬于葡萄藤上，活脱灵动的身姿以及炯炯有神的眼睛，将松鼠警觉机敏、垂涎欲滴的神态刻画得惟妙惟肖，妙趣天成。

刺绣技法上，由于松鼠粗长的尾部在画面中占据显要位置，故刻画尤为精心，其茸毛披丝如发，细密入微，从尾部中心到四周，毛发由浓密而至稀疏，及至边缘，细如毫丝，质感逼真。画幅配色鲜明，用色有深绿、浅绿、淡绿、黑、黑灰、黄、浅黄、蓝、浅蓝等。黑灰色的松鼠置身于淡绿色的草坡和绿色葡萄叶及蓝色的葡萄之间，色彩反差大，给人以强烈的视觉冲击力感。作品对细节的刻画逼真入微，如一片葡萄叶被虫蛀后形成的蛀洞和蛀洞边的枯黄色均反映了出来；葡萄叶色彩的深浅过渡极为自然，叶的主脉和支脉清晰可见；葡萄以蓝、淡蓝或紫蓝、浅白表现，反映出葡萄的成熟度不一致。这些细微之处无不显示出作者对生活细致深入的观察及其深厚的绣艺功底。董其昌题诗："宛有草龙，得之博望。翠幄珠苞，含浆作酿。文鼹睨之，翻腾欲上。慧指灵孈，玄工莫状。"

清代刺绣最为鼎盛。宫廷服装烦琐复杂，帝王几乎所有服饰均有刺绣，甚至皇帝的朝带、吉服带上常常挂着多个花荷包，如图4-14所示。宫廷和民间服饰着装互相浸染。四大名著之一的《红楼梦》中提到的绣品就有衣、袍、裤、鞋、靴、绦、带、裙、帕、香囊、巾、枕、荷包等40

图4-13 《松鼠葡萄》

余种。朝廷招募宫廷绣女专门从事刺绣，民间还不时进贡上乘的刺绣品。刺绣作为女性必做的女红之一加以普及。清代刺绣，也分为绣字绣画和服饰日用品两大类。民间刺绣行业也得到了蓬勃发展，日臻成熟，形成了极具特色的少数民族刺绣和地方刺绣。

（a）乾隆皇帝月白缎绣云龙袍局部（清，故宫博物院藏）　（b）石青缎绣五彩单鹤朝阳纹方补（清，故宫博物院藏）

图4-14　清代刺绣

二、刺绣的种类和特点

（一）四大名绣

中国的刺绣工艺品种多样、风格迥异、内涵丰富，被视为东方手工艺典范的四大名绣题材广博、针法丰富、色彩典雅、技法精湛。

1. 苏绣

苏绣历史悠久，具有图案秀丽、色彩和谐、线条明快、针法活泼、绣工精细的地域风格。苏绣的特点可以概括为平、齐、细、密、匀、顺、和、光八个字。苏绣注重运针变化，讲究花线的粗细，根据不同的布质、色彩和题材，灵活运针，花线劈丝粗细合度，作品逼真生动，如图4-15所示。除传统绣品外，苏绣还创造了双面异色绣、双面异色异样绣等刺绣种类。

2. 湘绣

湘绣是以湖南长沙为中心的刺绣工艺品的总称。湘绣强调写实，质朴优美，形象生动，配色善用深浅灰和黑白色，通过适当明暗对比提升质感和立体感，结构虚实结合，善用空白突出主题，形成了水墨画般的素雅品质。湘绣的传统题材是以狮、虎、松鼠等为主，特别是以虎最为多见，如图4-16所示。

3. 蜀绣

蜀绣也称"川绣"。蜀绣针脚整齐、掺色轻柔、虚实合度、变化细密，具有浓郁的地方色彩。蜀绣既擅长表现花鸟虫鱼细腻的工笔，又善于表现气势磅礴的山水图景，刻画人物形象逼真传神。蜀绣传统针法达百余种，各种针法交错使用，变化多端，既有滚针、掺针、铺针、晕针、盖针、戳针、沙针等传统针法，还有表现动物皮毛质感的"交叉针"、表现人物发髻的"螺旋针"、表现鲤鱼鳞片的"虚实覆盖针"等创新针法，如图4-17所示。蜀绣遍布四川民间，绣品多为衣裙、被面、枕套、帐幔、鞋帽等实用服饰品，根据民间吉庆词句或流行式样花纹取材，自行描绘绣制，质朴喜庆气息浓厚。

4. 粤绣

粤绣又称广绣、潮州绣。粤绣用色浓艳，注重光影变化，针法均匀多变。粤绣构图繁而不乱，富于装饰，常以凤凰、松鹤、牡丹、猿、鹿、鸡、鹅、孔雀等为刺绣题材，混合组成画面，颇具特色，如图4-18所示。

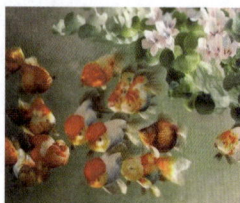

图4-15　苏绣　　　　图4-16　湘绣　　　　图4-17　蜀绣　　　　图4-18　粤绣

（二）民间刺绣

我国的民间刺绣遍布全国，除了"四大名绣"外，著名的刺绣还有开封的"汴绣"（图4-19）、山东的"鲁绣"（图4-20）、浙江温州的"瓯绣"（图4-21）、杭州的"杭绣"（图4-22）、东北的"缉线绣"及广东、福建等地的"珠琇"等。民间刺绣注重实用，以服饰装饰为主，同时也以馈赠佳友之用。民间刺绣往往具有造型夸张、图案纯朴、构图简洁、色彩艳丽、针法多样、地方特色显著和民族风格鲜明的特征，还有着"图必有意，意必吉祥"的纹饰主题。这些特征反映了中华民族特有的审美心理、审美情趣等美学观念。

图4-19　汴绣　　　　　　图4-20　鲁绣　　　图4-21　瓯绣　　　图4-22　杭绣

1. 民间刺绣题材

民间刺绣内容丰富多彩，通常与日常生活、衣着服饰、人生礼仪休戚相关。题材以表现祈求吉祥、追求幸福、向往富裕、表现爱情、家庭和睦等为主。民间刺绣多以物喻意、以谐音表达美好追求、咏物传情，如以牡丹、桃、佛手、蝙蝠和石榴等象征多福、多寿、多子、多富贵；以龙、凤、狮、鱼等象征吉祥；以鱼表达"富有"；以鱼纹和莲花纹样表达"连年有余"；以"鲤鱼跳龙门"表达望子成龙的愿望；以百合花寓意夫妻百年美好；以"龙凤呈祥""鲤鱼闹莲""喜鹊登梅""鸳鸯戏水"表现爱情。民间刺绣还有许多表现民间传说和戏曲人物的，《刘海戏蟾》《白蛇传》《三国》《水浒》

《杨家将》等故事和人物常是刺绣的题材。各地区也有以人物为主的"迎亲图"题材的刺绣，人物形象鲜明，安排主次得体。

2. 民间刺绣纹样

民间刺绣纹样大胆夸张、想象力丰富，通常以刺绣对象特点加以夸大或强调，借鉴与变异，以突出自然形态特征，强化工艺效果。民间刺绣纹样一般带有强烈的文化内涵和地域特色，除了花鸟鱼虫外，还有以先民图腾演变而来的符号形象，以及以历史典故、神话传说为主题的纹样图案。比较常见的纹样有蛙纹、五毒纹、猪纹、鱼纹、虎纹、葫芦纹等。

（1）蛙纹，常见于陕北、陇东民间刺绣中，如丝枕、蛙布玩具、蛙形香包、蛙鞋等儿童用品都用蛙纹装饰。古代传说女娲与伏羲是人类繁衍的始祖。对女娲崇拜也是对人类繁衍生殖崇拜，蛙、娃、娲具有同一性，三者是相通的。千百年来蛙的崇拜在民间刺绣中传承下来，成为广泛运用的装饰纹样。蛙带给人们的不仅是口吐金钱的蛙，还有子孙连绵不断、福寿双全的寓意，如图4-23所示。

（2）五毒纹，常见于陕西和山西地区刺绣中，蟾蜍、蛇、蝎子、蜈蚣、蜘蛛在民间称为"五毒"。"五毒"被修饰、美化为可爱的刺绣纹样广泛用于儿童用品的装饰。这些原本丑恶、毒害巨大的动物形象绑在孩子耳枕、裹肚、衣服、帽子上，除了有避邪的意思外，还体现了生命力与繁殖力。蜘蛛历来民俗有"喜蜘蛛"之说，以见蜘蛛为好兆头，蜘蛛善结网，常以之喻为女性。

（3）猪纹，在民间刺绣中较多见，如猪儿鞋、猪儿相、猪圈涎、猪玩具等，陕北更以猪纹为妇女遮裙带的纹饰，变形处理得很美。猪在我国民俗文化中历史久远，古时以凶猛强悍的野猪为图腾，成为敬畏的对象。雄猪的牙为吉，带有趋吉避凶之意。由牙骨延伸至有牙床的猪须骨以及整个猪头都代表吉利，对猪头的神化演变至近代以猪头祭祀祈福，如图4-24所示。

（4）鱼纹，在民间刺绣中颇为丰富。从原始初民半坡遗址中彩陶上的人面鱼纹到民间刺绣、剪纸中的鱼纹。它既以氏族图腾符号方式存在，又传达了人们对其繁衍、生殖能力的崇敬。陕西民间称"鱼与人"刺绣为"鱼变娃"，即头有抓髻，身为鱼身的娃娃，将鱼与人巧妙地组合在一起。

（5）虎纹，常见于山西、陕西地区刺绣，这些地区历来有浓厚的崇虎文化，民间将虎视为吉祥瑞兽，为人镇宅、驱邪、去灾，是人们心目中的保护神。虎皮、虎形在民间刺绣中颇多，虎形夸张处理，尤以童帽虎形不同一般，将虎形的全身与帽完美结合，造型简练，虎尾上翘，既显出虎的生命力，又使童帽增加了趣味，如图4-25所示。

图4-23　蛙纹

图4-24　猪纹

图4-25　虎纹

（6）葫芦纹，在民间刺绣中也较为常见。葫芦是孕育生命的象征，与人类起源的传说有关。仰韶文化的彩陶葫芦瓶上一面绘有男人形，另一面绘女人形以此象征"葫芦生人"的神话。刺绣纹样表现葫芦者甚多，如葫芦上绣有莲花也表示连绵之意，葫芦形的香囊、荷包等都是以葫芦来表现人们对生命繁衍的祈求，如图4-26所示。

3. 民间刺绣的构图与色彩

民间刺绣构图一般服从图案构成的形式法则，即多样统一、均齐平衡、对称呼应、对比调和、节奏韵律。民间刺绣沿袭了五色（蓝、红、白、黑、黄）为正色的观念和阴阳互补的色彩运用。色彩配置中运用红和绿、橙和蓝、黄和紫的补色对比及黑白两色的明度对比，色彩纯度高，对比强烈，形成了特有的民间色彩。刺绣面料以黑、红为主，根据功能、用途、环境、材料及面料底色最终确定颜色。

4. 民间刺绣的应用

除了服饰以外，传统的民间刺绣还广泛应用于鞋、帽、耳套、荷包、枕头、鞋垫以及儿童兜肚、围嘴、童鞋、童帽等物品。

（1）鞋：鞋面多用蝶恋花、蟾宫折桂以及花卉图案。

（2）耳套：冬天护耳的耳套多为桃形，绣有吉祥动物花鸟纹饰。

（3）荷包：荷包是女子送给男子的定情信物，绣工精细，寓意图案象征爱情。

（4）鞋垫：常作为女子赠送未婚夫的礼物，绣有福海无边、事事如意、莲花、童子等图案花纹。

（5）兜肚：多为红色镶边，绣有莲生贵子、富贵长春等寓意吉祥、繁衍的图案。也有绣五毒纹样的，以取毒不近身的意思，如图4-27所示。

图4-26　葫芦纹

图4-27　兜肚

（6）围嘴：男孩围嘴常绣有双虎对头、双狮对头、五福捧寿的图案。女孩围嘴则绣有五妹捧花、五莲坐子、五鱼戏莲等图案。还有武松打虎、榴开百子、戏狮图、连生贵子、蟾宫折桂等图案，如图4-28所示。

（7）童鞋：男孩鞋子多为老虎鞋、小猪鞋、小狗鞋，如图4-29所示。女孩鞋子多绣有吉祥、欢快的花鸟图案。

（8）童帽：男孩多为虎帽，分成单面虎、双面虎、狮虎合身等。女孩则多为莲花帽。

图4-28　围嘴　　　　　　　　图4-29　童鞋

（三）少数民族刺绣

在民间刺绣的基础上发展起来的四大名绣，也极大地影响了少数民族刺绣的发展。我国55个少数民族服饰，五彩缤纷各具特色，各民族服饰采用的刺绣、蜡染、织锦等手工艺装饰，令人目不暇接。苗族、瑶族、土族、彝族、白族、纳西族、哈尼族、拉祜族、布朗族、蒙古族、黎族、侗族、水族、回族等的刺绣品都非常突出，大至帐檐、被面、衣饰，小至头巾、荷包、腰带、口水兜，无不精美动人。少数民族服饰上的装饰，以刺绣最具代表性。刺绣纹样色彩浓艳，内涵丰富，体现了各个民族的心理与崇尚，成为民族文化不可分割的一部分。

1. 刺绣纹样

少数民族刺绣既有远古神秘气氛的人祖纹、龙纹、动物纹、植物纹等纹样，也有折枝花卉、花鸟写实纹样以及以几何纹样为主或花、蝶等经变形处理的装饰性很强图案。

动物纹中的龙纹于汉民族代表威严高贵，只限皇族使用，而少数民族的龙纹是所有百姓共同享有的，可以自由自在地装饰在服饰上。龙纹没有固定的形式，凭着想象力与创造性，在龙纹上加牛头、凤头、蛇身、鱼身、蜈蚣身、蚕身等形成多姿多彩的龙的形象，如图4-30所示。因此，龙纹根据形象被称为水牛龙、鱼龙、蚕龙、双头龙、蜈蚣龙、人头龙、花尾龙、虾身龙等。

图4-30 龙纹

（1）蝴蝶纹：是主要的装饰纹样之一，在刺绣、织锦、蜡染制品中比比皆是。传说蝴蝶妈妈是苗族的始祖，是万物的起源，苗族刺绣表现这个主题很多，产生了非常优美的蝴蝶与人的绣品。

（2）鱼纹：也是重要的纹饰。因为鱼多产子，是生命力的象征，人们祈求如鱼一样繁衍生息。绣品中常赋予鱼以神圣的色彩，鱼化龙，龙变鱼，因此鱼纹也常与龙纹在一起。

（3）鸟纹：在苗族传统服饰的盛装有纹饰繁缛的"百鸟衣"，苗族祖先曾崇拜鸟，以鸟为图腾。纹样处理概括简练，可以用锯齿纹代表羽毛，也可处理成剪影状等。还有猫纹、象纹、巨蛙纹等都具有神秘的美感。

（4）几何纹样：如旋涡纹、勾纹、十字纹等特别丰富。苗族刺绣还以几何纹样记录苗族历史，让每个苗族儿女牢记。如用方形表示田地，长方形的红条表示鱼，点状花纹表示螺和星星，红色、黄色的长条象征他们经过的长江与黄河。

2. 刺绣针法

刺绣的针法技巧在不同的民族中有不同表现，有的比较简单，如只有平绣、挑花，有的则比较复杂。苗族刺绣针法细腻精致，是少数民族传统针法最全面的，主要有平绣、锁绣、绉绣、辫绣、数纱绣（图4-31）、打籽绣、包梗绣、板纸绣、绘绣、卷鳞、盘绣、纳锦绣、叠绣、锁丝绣、破丝绣（图4-32）、锡绣（图4-33）、堆绣（图4-34）、镂绣、挑花、补绣、马尾绣等。

图4-31 数纱绣

图4-32 破丝绣

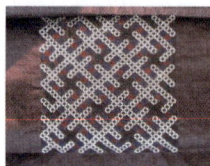

图4-33 锡绣

图4-34 堆绣

（四）现代刺绣

现代刺绣是传统手工刺绣技艺的延续与创新，常用的技法有褶绣、珠绣、雕绣、十字绣、丝带绣、补绣等。这些刺绣使用了新型材料，凸显了现代感、创意性，装饰性更强。

1. 褶绣

褶绣是用线和装饰针迹在打褶的面料上，按图案做有规律或无规律的缝绣，形成装饰纹样的刺绣技艺。褶绣的历史可以追溯到12～13世纪，当时的女士内衣领子、袖口处均以五彩的丝线绣出典雅的图案，这种装饰能使衣服既宽松舒适，又别致美丽。褶绣工艺对面料的要求不高，因此在民间广泛应用。匈牙利、罗马尼亚、捷克等国的白色巴里纱褶饰衬衫，保持着浓郁的民族特色。我国的汉族、苗族、维吾尔等民族的褶裙工艺也具有自己的特色。褶绣常作为童装、衬衫、连衣裙、晚礼服、手袋、室内装饰品上的装饰，如图4-35所示。

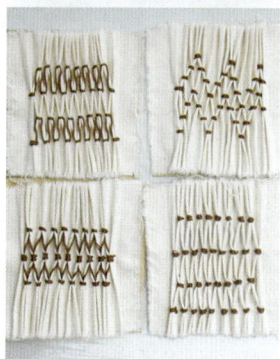

图4-35 褶绣

下面介绍一下褶饰的基础针法。

（1）实践材料和工具：

面料：单色、易抽褶、平纹面料或者条、格、点等有间隔图案的面料。

针：普通缝衣针，8号针或9号针。

线：普通缝衣线（刺绣线或细毛线）。

（2）辅助工具：尺、铅笔或划粉。

（3）步骤：

第一步：准备面料。根据面料的厚度、褶的深度来估算面料用量。一般最少是缩褶后成品面料的1.2倍，缝头比估算的多放些为好（表4-1）。

表4-1 面料种类与面料的估算方法

面料	面料的估算方法
极薄面料（蝉翼纱类）	3～4倍
薄面料（纯棉上等细布类）	2.5～3倍
中厚面料（纯棉布、涤纶类）	2～2.5倍
花纹织物（图案为条、格、圆点）	约2倍

第二步：绘制图案。褶山上易绣缝横、斜线图案（图4-36）。

第三步：假缝。在1cm/3针的针距从右向左缝；每行针脚相同，所有行上下针脚对齐，用粗棉线假缝，线的长度一致，开始假缝处打结或回针，如图4-37所示。

第四步：抽褶。抽出的线打活结，褶山对齐，如图4-38所示。

第五步：定型。用手等外部用力压

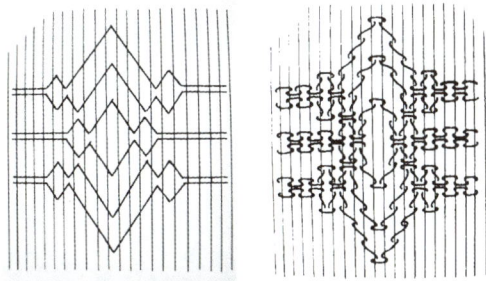

图4-36 绘制图案

褶或蒸汽熏定型褶，如图4-39所示。

第六步：整形。定型后打开活结，扩大到成品尺寸，再重新打结固定，如图4-40所示。

第七步：锁缝——花梗式褶饰。A把绣线放在针的上面锁缝；B把绣线放在针的下面锁缝；在褶山上挑0.1cm绣缝，注意绣线的松紧程度一致，如图4-41所示。

第八步：整理。抽掉假缝线，两手拿面料使其上下处于绷紧状态，用手等外部用力或蒸汽熏，整理定型褶山，如图4-42所示。

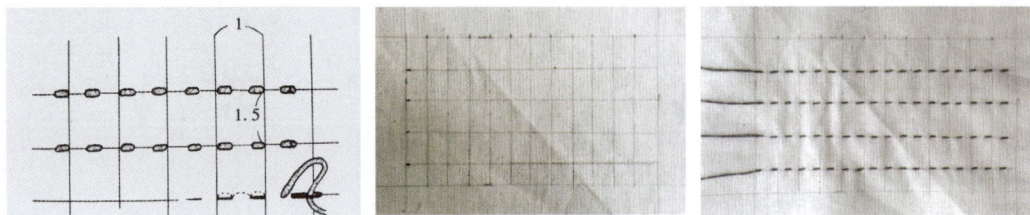

图4-37　假缝

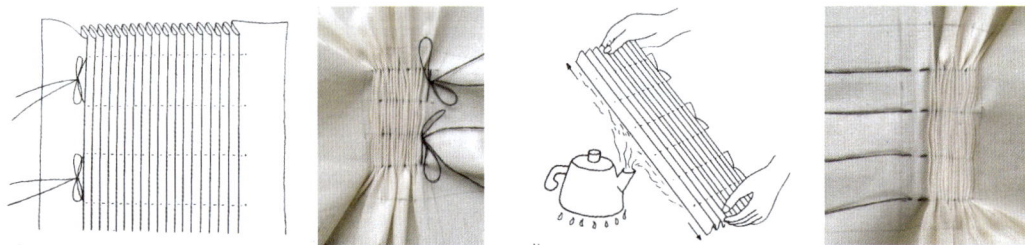

图4-38　抽褶　　　　　　　　　　　　图4-39　定型

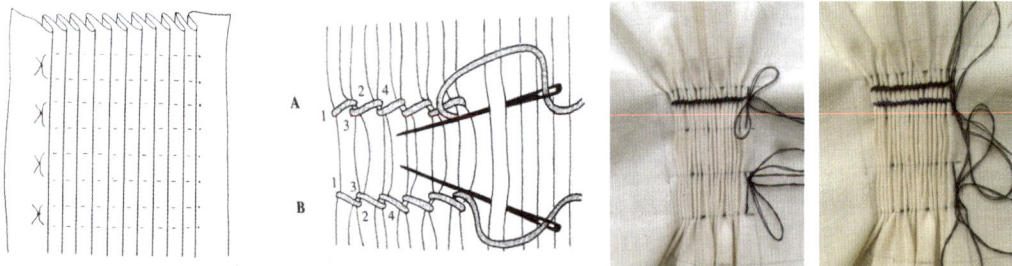

图4-40　整形　　　　　　　　　　图4-41　锁缝

2. 珠绣

珠绣是一种用针穿引各式珠子（包括各种材质、形状的水晶、钻石、亮片、珠管等）来替代丝线，并采用刺绣、编织、组合等多种技法形式，将特定的纹样绣于纺织品上以组成一定图案的工艺。珠绣既是一种民间传统工艺，也是现代服饰中常用的装饰手法，特别适用于社交聚会、节

图4-42　整理

日庆典、晚宴舞会等场合的服装、手提包、钱夹、项链、别针、腰带、鞋子等服饰品，具有特殊的魅力，极受人们喜爱。东西方珠绣表达各不相同，欧美浪漫风格中融入时尚元素，东方更多在文化、历史的表现上，典雅、深邃。

珠绣在中国传统绣种中又称"穿珠绣""缉珠绣"，古人在新石器时期就有将穿孔的珠、贝用作装饰的情况，《尚书·禹贡》记荆州贡品特产中有"玑组"（杂佩用的珠串），伪孔传云："玑，珠类，生于水。组，绶类。"珠上穿孔技术为珠绣的产生奠定了基础。冯贽《南部烟花记》中以"梁武帝造五色绣裙，加珠绳、真珠为饰"描写了南北朝时期女性穿着的五彩真珠裙，成为早期珠绣在服饰中应用的雏形。隋唐时期的珠绣技艺开始日趋成熟，《隋书·礼仪志六》："冕旒，后汉用白玉珠，晋过江，服章多阙，遂用珊瑚杂珠，饰以翡翠"，记载了以珠饰区别身份的冠服制度。唐朝《杜阳杂编》："神丝绣被，绣三千鸳鸯，仍间以奇花异叶，其精巧华丽绝比。其上缀以灵粟之珠，珠如粟粒，五色辉映"，描写了同昌公主嫁妆中以珠绣点缀的宫廷被面，反映了珠绣作为日用品开始被上流阶层广泛使用并接受。《宋史·刘综传》中也有描写皇帝以珍珠盘织的御服赐给有功之臣作为奖赏；元朝帝王的织绣金袍中也常缀以珠宝来彰显身份的显赫，甚至皇宫颁发的西域文诏都饰以珠绣纹样。珠绣在明清两代达到鼎盛，至此珠绣既是民间奢华富贵的代表，也逐渐成为上层统治阶级权力与地位的象征。明清时期的服饰及织绣品中可见珠绣的大量运用。如图4-43所示为清代孔雀羽穿珠彩绣云龙纹吉服袍。中国传统珠绣的主要材料为珍珠、珊瑚或朱玉等，绣制时用线串连起来进行平面绗缝，因其选材珍稀，在织物上主要起画龙点睛的作用。

清光绪年间受工业革命的影响，珠绣的选材逐渐变为可批量生产的彩色玻璃珠、塑料镀膜珠、电光片等。由华侨带回的珍珠玻璃珠绣拖鞋（俗称"吕宋拖"）开始在福建、广东等地使用，并逐渐演变为各具地方特色的厦门珠绣、广州珠绣、潮汕珠绣等珠绣品类。直至当代，珠绣的选材非常丰富，人造宝石、合成材料、高科技智能化材质等都可以使用，现代珠绣作品如图4-44所示。

3. 雕绣

雕绣是由欧洲镂空绣演变而来。镂空绣起源于12世纪地中海东部的克里特岛。为了弥补因意大利禁奢令而产生的白绣的单调平淡，开始盛行镂空和抽纱。文艺复兴时期

图4-43 清孔雀羽穿珠彩绣云龙纹吉服袍

图4-44 现代珠绣作品

的欧洲，镂空绣常被用于祭坛的盖饰和贵妇人的服饰。在意大利的威尼斯，镂空绣技艺日趋于成熟，镂空绣服饰品十分精美，因此又得名威尼斯刺绣。

雕绣的效果十分别致，针法以扣针为主，有的花纹绣出轮廓后，将轮廓内挖空，用剪刀把布剪掉，犹如雕镂，故名。面料一般用素色或单色，多采用平纹机织面料，一般棉麻、丝、化纤混纺的平纹织物，纹理清晰，宜做用料，以制作台布、

图4-45　雕绣

床罩、枕袋等为主。所用棉布或麻布和用线都较淡雅，基本上是在浅色布上用同系列色线刺绣，如在白布上绣白花，米黄色布上绣米色花等。雕绣作品中潜存的秀丽淡雅的特征，特别适合作为夏装连衣裙、衬衫、裙子、女用阳伞上的装饰及室内台布、花样桌心布、小垫巾、窗帘、床单等，运用不同质地的材料和线产生多样化的作品，如图4-45所示。采用棉混纺底布，绣时在扣锁处压一根线，将这根线连底布一起扣锁，以增加密度，同时还有凸起效果，使纹样轮廓更突出。雕绣的针法变化多种多样，各地区具有不同的特点。江苏各地的雕绣以常熟为代表，在制作上除扣雕外，还结合包花、抽丝、拉眼、打子、切子、别梗等工艺和针法。山东烟台地区的雕绣，通称"棉麻布绣花"或称"绣花大套""麻布大套"等。绣法有插花、扣锁、打切眼、梯凳、抽丝、勒圆布、纳底、打十字等。浙江、广东和北京等地区的雕绣，绣法均大同小异，一般为"扣花"。

4．十字绣

十字绣，又称挑花，是用专用的绣线和十字格布，利用经纬交织搭十字的方法，对照专用的坐标图案进行刺绣，任何人都可以绣出同样效果的一种刺绣方法，如图4-46所示。十字绣是一种古老的刺绣，具有悠久的历史。起源可以追溯至10世纪左右的中国，又称"挑花"。14世纪十字绣从中国经由土耳其传到意大利，恰逢欧洲文艺复兴时期，因针法简单，表现力强而迅速风靡欧洲各国宫廷。15世纪，十字绣开始进入民间，逐渐为广大普通的消费者所接受。随着西方优势文化在世界的扩张，十字绣从欧洲传入了美洲、非洲、大洋洲和亚洲。由于各国的文化不尽相同，随着时间的推移，形成了各自的风格与技巧，其中最具代表性的是北欧十字绣，无论是线、面料的颜色还是材质都别具匠心。十字绣以其法简单，外观精致典雅，别具风格一直深受世界各国大众的喜爱。十字绣在我国分布十分广泛，其中湖北黄梅挑花发源最早，最具代表性和影响力，在中国挑花工艺发展史中占主导地位，因此"黄梅挑花"也是各挑花的代表和统称。

5．丝带绣

丝带绣是用色彩丰富质感细腻的缎带为原材料，在棉麻布上，配用一些简单的针法，绣出的立体图案绣品，如图4-47所示。丝带绣的绣品呈立体状态，层次分明，跃然于布面之上，用手可直接触摸。绣品利用丝带原有的华贵色泽来表现图案的天然浪

漫元素。丝带绣的刺绣针法与普通丝线绣的针法相同，但其效果又与丝线绣不同，丝带绣的效果粗犷，立体感强，适合绣晚装、毛衣、靠垫及各种装饰画等。

6. 补绣

补绣是将布按图案要求剪好，贴在绣面上，也可在布与绣面之间衬垫棉花等物，使图案隆起而有立体感，绣品兼有保暖和装饰作用。贴补好后，再用各种针法锁边。补绣绣法简单，图案以块面为主，风格别致大方。补绣过程分为三步：定位、固定、覆盖，产生浮雕般效果的技艺。我国有北京宫廷补绣、广东汕头补布绣、江苏贴布绣，均呈现为补布与刺绣结合。北京宫廷补绣俗称丝绫、堆绣。源于辽金，奠基于元，盛于明清，是我国古老的刺绣技艺，与唐代"堆绫""贴绢"技艺的结合与发展，它用料主要是绫、罗、绸、缎、绢等以及天然的植物纤维（棉、麻、丝）为材料，用浮雕、编织、刺绣、缝缀、堆贴、抽丝等多种技艺结合的装饰艺术。从历史上看，历代都由宫廷设置专门机构组织绣品生产。辽时设有"燕京院使"，金时设有"纹绣署"，元代设有"纹绣总院"，明代设有"御用监"，清代在内务府设有织染局。皇帝、皇后、太子、王妃及各级官员的服装全都用补绣制作。补绣还运用到佛堂装饰，室内装饰及日用品。绣品豪华富贵，具有很高的艺术欣赏价值，形成独特的北京宫廷补绣，如图4-48、图4-49所示。

三、刺绣的材料及工具

进行简单的刺绣，一般要准备以下材料和工具。

（一）材料

材料包括底料和绣线，如图4-50所示。底料选择真丝、棉、羊绒或者各种混纺面料等都可以，密度高、透光性差的面料可以直接临摹图稿或者使用硫酸纸和复写纸等传统的拓图工具和方法来操作。随着科技的普及，也有使用打印机直接打印出绣稿，但对于面料的选择有一些局限。需要注意的是，面料最好不要用弹力面料。

图4-46 十字绣

图4-47 丝带绣

图4-48 北京补绣

图4-49 满族民间补绣

图4-50 底料和绣线

（二）刺绣工具

刺绣工具包括各种绣绷、绷框、针、剪刀等，如图4-51所示。

（三）刺绣工序

刺绣工序包括设计、勾稿、上绷、配线、刺绣、落绷、装裱。如果是欣赏品需要裱好后再落绷，否则会影响绣品质量。下面刺绣程序部分文字和图片来源于《雪宦绣谱》，如图4-52所示。

1. 设计

要刺绣出一幅精美绣品，首先要有好绣稿。绣稿就是刺绣的灵魂，因此，设计和选择各种类型适合刺绣的画稿非常重要。可以从国画、油画、照片等汲取灵感进行设计。

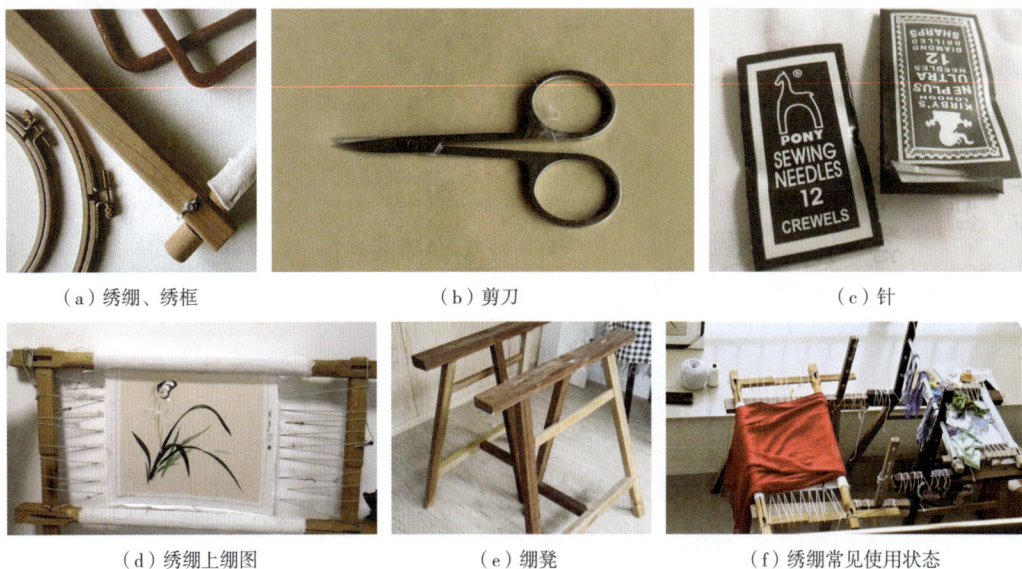

（a）绣绷、绣框　　　　　　　　　　（b）剪刀　　　　　　　　　　（c）针

（d）绣绷上绷图　　　　　　　　　　（e）绷凳　　　　　　　　（f）绣绷常见使用状态

图4-51 刺绣工具

2. 上稿

上稿，即将图案印在刺绣底布上。传统技艺常见的上稿法有复写法和反透法。现代工艺比较方便，多用计算机把图案直接打印在刺绣底料上，这种底料直接上绷绣就可以了，避免了勾画图案过程中的耗时烦琐。自己设计好的图案可以去打印店打印，也可以直接购买现成的材料包。

（1）复写法：把图稿图案勾勒到刺绣底布上的方法，如图4-52所示。

①首先把刺绣的底布平整地放在桌面上，如图4-52（a）所示。

②把一张复写纸放在底布上面，如图4-52（b）所示。

③先在复写纸上放上透明硫酸纸，再放上画稿，如图4-52（c）所示。

④画稿上再放一张透明的硫酸纸，如图4-52（d）所示。

⑤用铅笔在透明硫酸纸上勾勒图案。勾勒笔法要精确，不能有丝毫偏差。尤其是勾勒肖像与动物，更要将光线的明暗部位一一勾出，切勿马虎，如图4-52（e）所示。

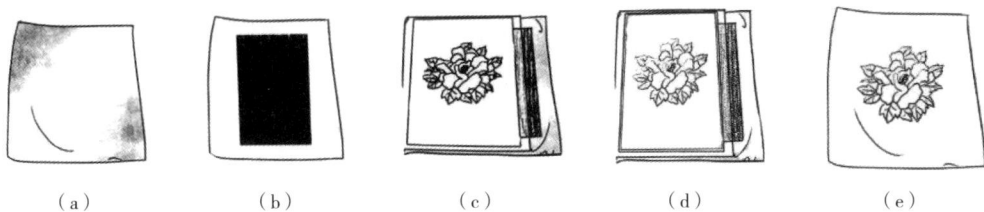

| （a） | （b） | （c） | （d） | （e） |

图4-52　复写法

（2）反透法：使用丝绸或软缎类的底布、绣制人物肖像或复杂画稿，宜用此法。苏绣、蜀绣、汴绣等传统工艺刺绣，多采用这种方法，如图4-53所示。

①准备一张玻璃台面，如图4-53（a）所示。

②把画稿平铺在玻璃台面上，如图4-53（b）所示。

③再在画稿上放置绣地，如图4-53（c）所示。

④在玻璃台面下放置灯光，这样画稿上的图案须眉毕现，便于勾描，如图4-53（d）所示。

⑤用铅笔在底布上描绘即成，如图4-53（e）所示。

| （a） | （b） | （c） | （d） | （e） |

图4-53　反透法

打印底料时需注意两点：第一，用于打印的底布要质量较好。光洁匀整，疏密有致。因为质量不好的绣布，在绣制时会出现拉丝、跑线、脱漏、影响绣品成色等问题。第二，喷绘色彩要浓淡适宜。色彩太重，绣线压不住底图的颜色；色彩太淡，模糊不清，没法照图刺绣。并且必须用好的染料，如果染料质量不佳，会导致变色和褪色。

3. 上绷

上绷就是将刺绣底布安放到绣绷或绣架上，这是刺绣工序中至关重要的一步。无论刺绣造诣多么精湛，如果绣绷没有上好，绣出的也多半是废品。上绷分为手绷和卷绷两种，下面分别介绍它们的步骤和方法。

（1）手绷：上法较为简单，方形绣绷与圆形绣绷上法相同。一般来说，较大的绣品用方形绷，稍小的绣品用圆形绷。上绷过程中，布纹不能倾斜，布的经线与纬线必须保持垂直和水平状态（图4-54）。

①松开绣绷的外圈螺丝，放平里圈绷子，如图4-54（a）所示。

②将绣布平铺于里绷上，再把里、外绣绷重合。理平绣布褶皱后，拧紧螺丝，如图4-54（b）所示。

③检查绣绷是否安装紧实，将一根带线绣针穿过布面，拔线时布面发出"嘭嘭"的声响最好，如图4-54（c）所示。

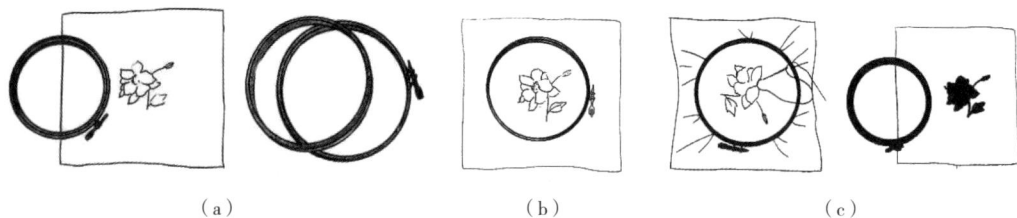

（a）　　　　　　　　　　（b）　　　　　　　　　（c）

图4-54　上手绷

（2）卷绷：上绷最服帖，即使满是皱褶的底布，也无须熨烫。上绷过程中一定要将底布与卷绷对齐，保持绣底平整服帖。上好卷绷的底布可以上下手交替刺绣，这样所耗心力小，更易达到事半功倍的效果（图4-55）。

①用较大的缝衣针分别将两块棉布缝制在绣地上下两边。缝时把绣布平铺，针迹要直，不能起皱，如图4-55（a）所示。

②缝好后，把绣地搭在绷架上。将下面棉布的边缘留出2cm左右的边缘，嵌于绷轴糟内，再用嵌条（废旧的电线、细绳或纸条皆可）塞上缝隙，压住底料，便于固定绣地，如图4-55（b）所示。

③塞紧缝隙后即可转动绷轴，将棉布缠绕在绷轴上，一边卷一边用左右手从中间往两边抚平卷在绷架上的棉布，如图4-55（c）所示。

④卷好一端后，另一端也用同样的方法卷棉布，卷至完全露出绣布即可。注意要用力将两边拽紧，直至绣地被完全撑开，如图4-55（d）所示。

⑤将两根插闩分别插入卷绷支架两头的轴孔里，如图4-55（e）所示。

⑥将绷钉插入并固定在绷闩靠绷轴最近的一个孔内，如图4-55（f）所示。

⑦用较大的缝衣针和连绑线（也可以用家里钉纽扣的普通棉线）分别在绣地左右两侧来回缝两遍（针脚长度约2cm），缝至尽头再返回缝一遍，回头缝时针插在同一个针眼里即可，这样就形成了三角形连绑线，便于拉紧绣地，如图4-55（g）所示。

⑧针脚返回到起针一端时要将线头打结固定在支架上，如图4-55（h）所示。

⑨将绑线一头挂在固定插闩的钉子上，穿过绣地上打好的针脚线，注意一定要把绑线拽紧，将绣地拉平整。绑线穿到另一端，即穿线结束时，将其缠绕在支架上，便于固定，如图4-55（i）所示。

⑩两边都上好后，上绷工作便大功告成，如图4-55（j）所示。

⑪上好绷的绣地，如图4-55（k）所示。

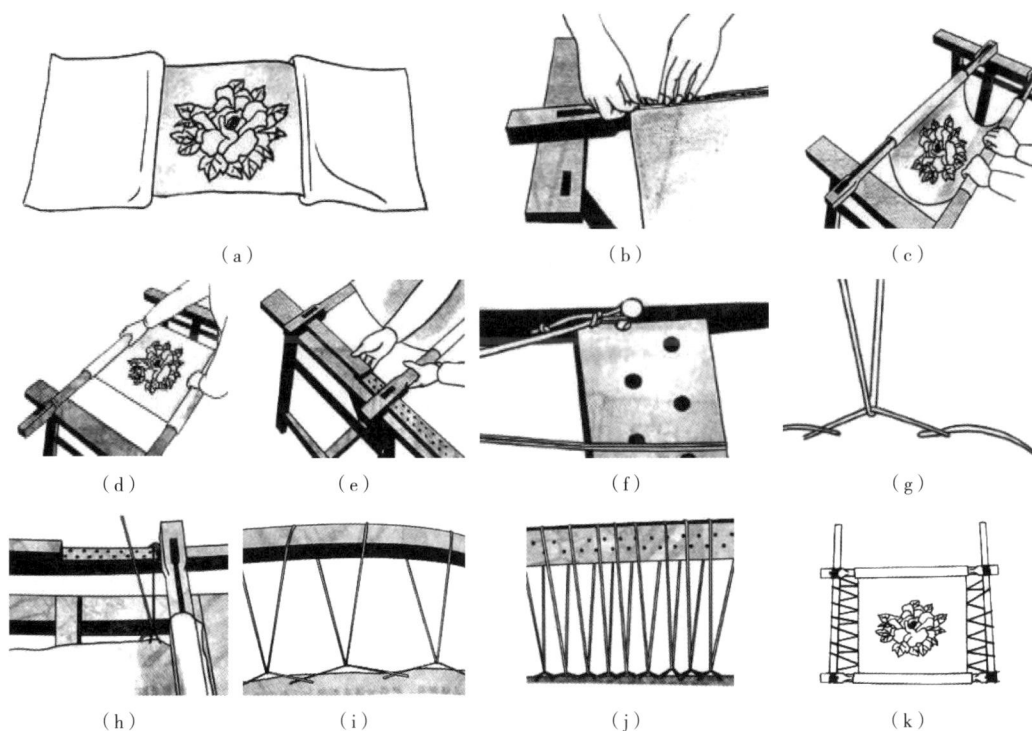

（a）　　　　　　　　　　　（b）　　　　　　　　　　　（c）

（d）　　　　　（e）　　　　　（f）　　　　　（g）

（h）　　　　　（i）　　　　　（j）　　　　　（k）

图4-55　上卷绷

4. 配线

配线也是刺绣工序中的一个重要环节。配线时要根据所绣图案的色彩来选择绣线颜色搭配。绣线颜色万千，即使相同颜色也有不同深浅变化。为了使绣品达到逼真的艺术效果，常需要渐变色阶变化。丰富的色阶过渡才能使画面达到色彩调和、浓淡合度的效果。有的精细部位还需将丝线分劈更细，或取两种不同色线合成一股，以达乱真的效果。

5. 落绷

绣地上的图案完全绣好后，将绣完的绣品从绷架上取下，即为落绷。落绷的步骤是先放松绷线、拆掉绷边竹，接着取下绷针，退出绷门，抽出白布，最后拆掉绣地与棉布的缝线，取下绣品。如果绣品需要装裱，则应裱好后再落绷，否则会影响绣品的质量。

四、刺绣的制作方法

刺绣针法是指绣线按一定规律运针的方法，反映在绣品上就是绣纹组织结构以及纹样附着于面料的各种手段和方法。我国刺绣的运针方法到底有多少种，很难准确统计，而且历史上对其记载也很少，直到清末，沈寿在《雪宦绣谱》中方列举了18种，这是历史上第一部研究刺绣技法的著作，20世纪50年代，朱凤总结了60多种传统针法记入《中国刺绣技法研究》。刺绣针法历史悠久、分布广阔、应用频繁，并且名称的使用也总在变化。国外刺绣技法更是种类及变化繁多。

下面重点学习几种常用的针法。

本书尽量选取国内、外使用频率较高、易掌握的刺绣针法来学习。大体总结了十一大类：平针绣、回针绣、茎绣、打籽绣、链绣、十字绣、锁边绣、缎面绣、长短针、绕线绣、蛛网绣。

（一）平针绣

平针绣是手工刺绣最基本的针法之一，运针平直，通过针与针之间的连接方式进行变化，从中演变出许多针法。做法是将线穿两到三针拉一次。注意针脚工整、走线均匀、整齐，如图4-56所示。

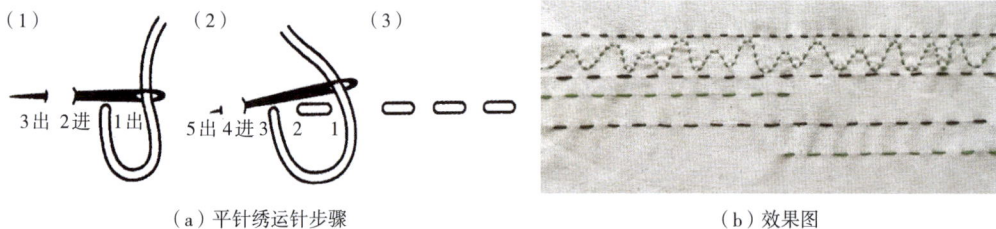

（1） （2） （3）
3出 2进 1出　　5出 4进 3　2　1

（a）平针绣运针步骤　　　　　　　（b）效果图

图4-56　平针绣工艺

（二）回针绣

回针绣是由平针变化而来，做法是将棉线或麻线平直排列，每缝一针就返回上一针的出针处刺绣，注意针脚工整、走线均匀、面平整齐，如图4-57所示。

（1）   （2）   （3）

3出 1出 2进   3 1 2   ⊏⊐⊏⊐
               5出   4进

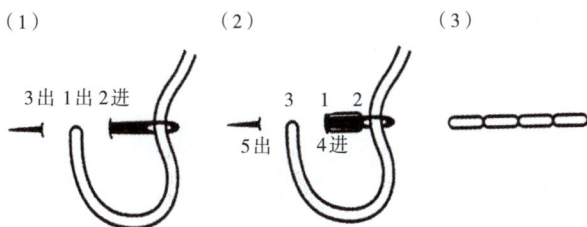

（a）回针绣运针步骤   （b）效果图

图4-57　回针绣工艺

（三）茎绣

茎绣也是刺绣常用的主要针法，绣线排列灵活，绣线第一针由纹样的边缘起针，落脚边口整齐，第二针在第一针的1/3处起针，把针脚藏在第一针的线下面，如此反复，用针针相逼而使线迹紧密相连，此种针法一般用于勾勒图案的轮廓或植物的茎脉，如图4-58所示。

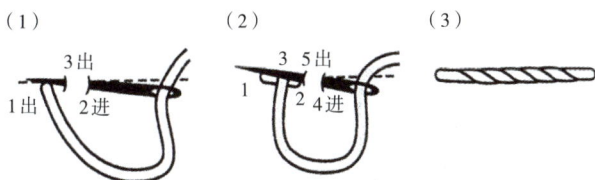

（1）   （2）   （3）

3出   3 5出
1出 2进   1 2 4进

（a）茎绣运针步骤   （b）效果图

图4-58　茎绣工艺

（四）打籽绣

打籽绣最早见于战国，汉代以后较为普遍。通过简单的结扣方法，利用绣线挽成小扣，结为小颗粒。打籽绣根据排列方法可以是线也可以是面，线、面排列时注意运针均匀，否则颗粒之间大小不一显得较为杂乱。打籽绣多用来表现花蕊或几何图案的填充，是刺绣的基本针法之一，如图4-59所示。

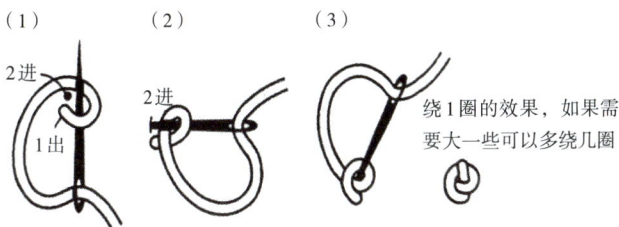

（1）   （2）   （3）

2进   2进   绕1圈的效果，如果需
1出   要大一些可以多绕几圈

（a）打籽绣运针步骤   （b）效果图

图4-59　打籽绣工艺

（五）链绣

链绣是我国古代最早出现的一种绣法，由单股麻绳或棉线所绣，针迹环环相扣，是在环圈纹单元结构内进行圈套链接构成的铁环链形绣纹。特点是曲展自若，丰盈灵动，运用在线条或圆形图案的轮廓呈现上，走线清晰完整。链绣针法可用于块面纹样的填充，需要按照纹样的走势排序，使铁环针线迹与纹样的走势相符合，如图4-60所示。

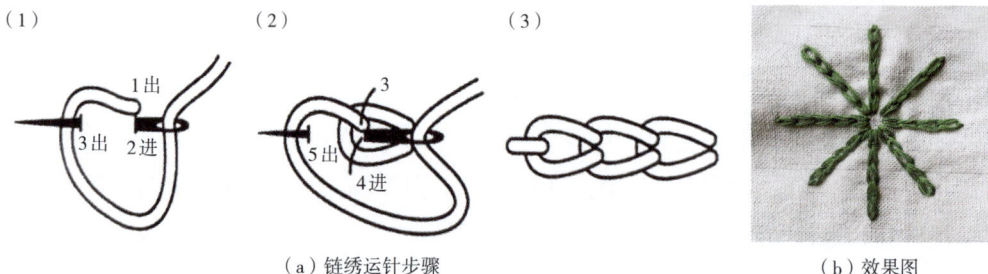

（a）链绣运针步骤   （b）效果图

图4-60 链绣工艺

（六）十字绣

十字绣也叫十字挑花绣，是用绣线在纱、罗、布等材料上绣十字，用无数个十字组成各种图案。挑十字数格子或数丝，所取的丝数一般为单数，在同一纹样内，如果需要表现深密的地方也可以用双数。此绣法可以很灵活地组成各种变形图样，也可以用作花边，精巧实用。十字绣在当今的少数民族地区仍非常流行，如图4-61所示。

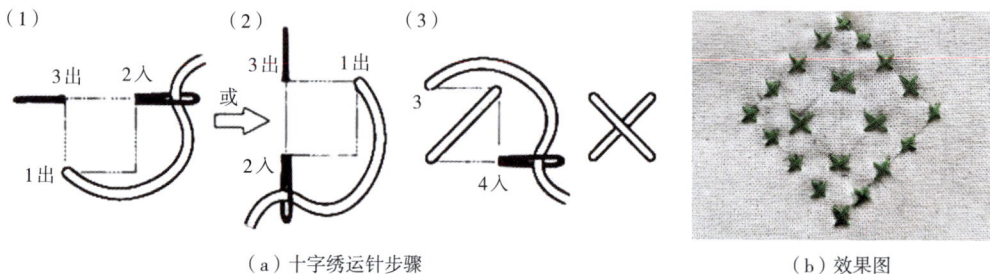

（a）十字绣运针步骤   （b）效果图

图4-61 十字绣工艺

（七）锁边绣

锁边绣第一针出针后将线环挂于针头，如此反复一气呵成，根据拔针的情况可以做多种变化。这也是较为常见的基本针法，应用于毛布边的锁边或纹样轮廓的锁边，如图4-62所示。

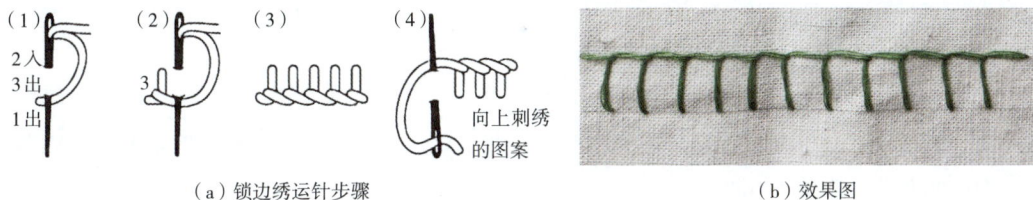

（a）锁边绣运针步骤 　　　　　　　　　　　（b）效果图

图 4-62　锁边绣工艺

（八）缎面绣

缎面绣是将直线绣整齐地并排填充平面的刺绣，刺绣的起点线头要隐藏在缎面刺绣针迹下。拿叶子图案为例，第一针要在叶子最宽的地方开始刺绣，一针一针排列整齐地绣到叶子顶端，然后从反面将线穿过，在下一半的刺绣起点处出针。缎面绣针法是手工刺绣最常见的针法之一，能够填充图案内部，使纹样更立体、饱满。如果需要呈现厚度，让其更立体，一般会在轮廓或图案中做轮廓绣、铁环绣等，再在上面做缎面绣，如图 4-63 所示。

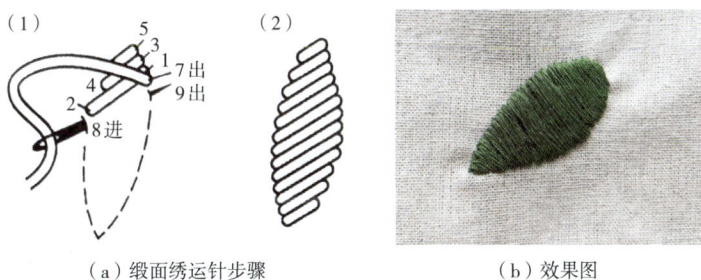

（a）缎面绣运针步骤 　　　　　　　　　（b）效果图

图 4-63　缎面绣工艺

（九）长短针绣

长短针绣法是用长针和短针结合一起使用，遇到转折处也可用长短针逐渐圆转，有色调和谐的优点，绣出的绣品写实感强。手工千层底鞋面中的动物和人物面部填充和花瓣填充多用此针法，如图 4-64 所示。

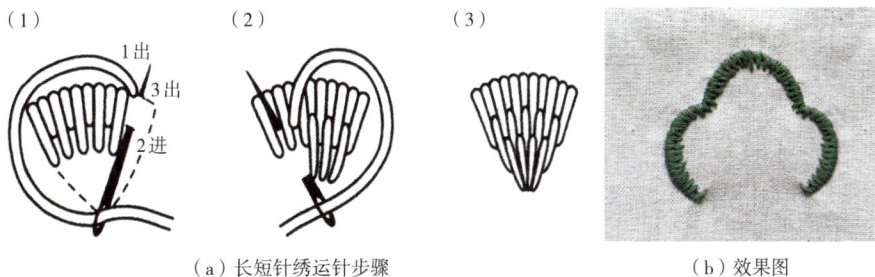

（a）长短针绣运针步骤 　　　　　　　　（b）效果图

图 4-64　长短针绣工艺

（十）绕线绣

绕线绣是在针上绕数圈线后，将缠绕的线用手指按压住抽出针，最后在线圈尾端收针。绕圈越多，线迹越长。绕线绣针法根据收尾的方法不同可做多种变化，可做直线也可做曲线，如图4-65所示。

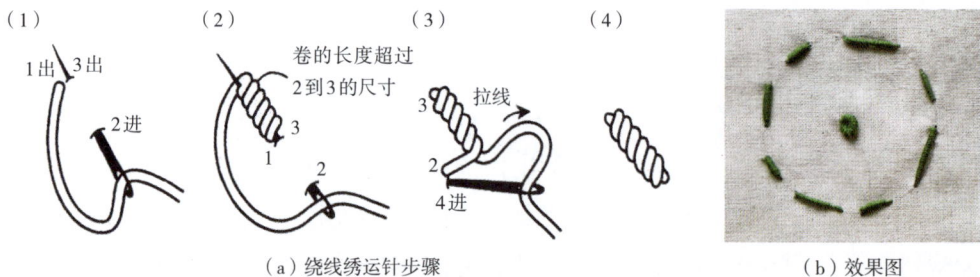

（1）　　　　（2）　　　　（3）　　　　（4）

（a）绕线绣运针步骤　　　　　（b）效果图

图4-65　绕线绣工艺

（十一）蛛网绣

先用直线针迹绣缝出轮廓，均为数根放射状的浮线，然后按如图4-66所示的运针步骤顺序绕线，边绕线边从右边往左卷进。这种针法立体效果较好，创作灵活多变，可以在现代纹样中使用，如图4-66所示。

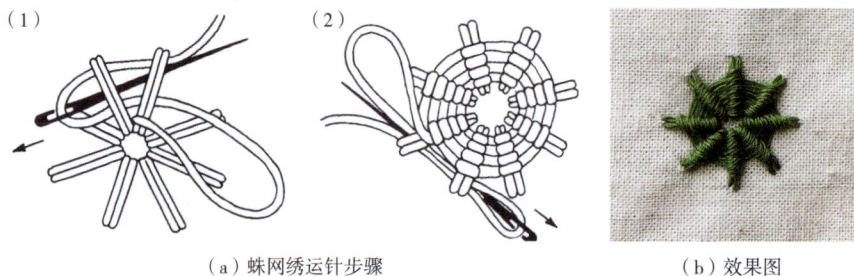

（1）　　　　　　　　（2）

（a）蛛网绣运针步骤　　　　　（b）效果图

图4-66　蛛网绣工艺

第三节　扎染

扎染是一门古老独特的手工防染技艺。所谓防染，就是在纺织品或纱线甚至皮革等材质上制作防染图案，借助缝、扎、结等防染手段，先防染处理再染色，再去掉防染媒介或工具，所形成的图案通常是未染上色的"留白"部分。"扎"即"捆扎"，"染"即"染色"。扎染即使用防染技法形成图案花纹的过程。扎染工艺和扎染设计手段被广泛运用于现代服装设计和室内纺织品设计等方面。扎染艺术是历代劳动人民智慧的结晶，其特有的艺术纯真性、审美广泛性和生活原发性，使之形成了含蓄、清新、朴素的风格。历经世代传承、发展与创新，已经被列入世界非物质文化遗产名录，成为中国国粹印染工艺之一。

一、扎染的发展历史

（一）扎染的起源

扎染分布于世界各地，其起源至今无法准确探究，和其他防染技术一样，历史演变的清晰脉络无法确定，但是亚洲很早就有关于扎染工艺的记录，扎染可能起源于中国或者中亚地区。世界各地各民族都喜爱穿着和使用扎染技艺是不争的事实。世界各地的扎染技法各式各样，使用的材料和图案也受到自然环境、社会、经济状况以及宗教信仰、文化等诸多因素影响千差万别，使扎染艺术异彩纷呈、丰富多样。

（二）中国扎染的历史

中国出土的古代扎染艺术实物，是亚洲乃至世界最古老的扎染艺术珍品。但是，至今还无法考证中国的扎染技术准确产生的年代。

据史料记载，中国最迟于秦、汉时期就已经熟练掌握了扎染技术，普及和运用也非常广泛。"秦汉间有之，不知何人所造，陈梁间贵贱通服之。"（隋刘存《二仪实录》）。民间于4世纪已经普遍从事扎染生产，晋陶渊明在《搜神后记》中记述一位年轻女子身着"紫缬襦（上衣）、青裙"，远看如梅花鹿一般美丽。很显然，这位女子穿着的就是"鹿胎缬"花纹的扎染衣服。魏、晋、南北朝时期的扎染不仅工艺精湛，图案也非常丰富。除了鹿胎缬外，还有玛瑙缬、鱼子缬、龙子缬以及模仿自然界动植物而染制的腊梅、海棠、蝴蝶等花纹。

北朝时期的扎染实物，主要发现于于田地区，于田三国以后属于阗（今和田）管辖。1959年在于田屋于来克古城遗址，出土了"红色绞缬绢"，如图4-67所示，其花纹与阿斯塔那西凉红色绞缬绢极为相似，如图4-68所示。1967年在阿斯塔那的一座墓

图4-67　红色绞缬绢（北朝）
（新疆维吾尔自治区博物馆藏）

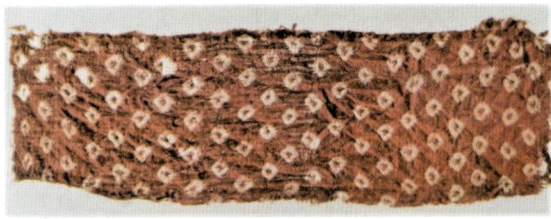

图4-68　阿斯塔那西凉红色绞缬绢
（新疆维吾尔自治区博物馆藏）

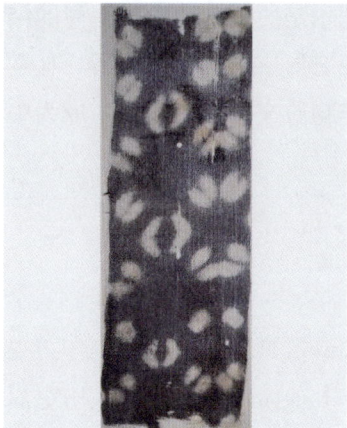

图4-69 蓝地小花夹缬绢（唐）
（敦煌发现，英国大英博物馆藏）

图4-70 幡缘饰丝地残片（六朝中期）（印度新德里博物馆藏）

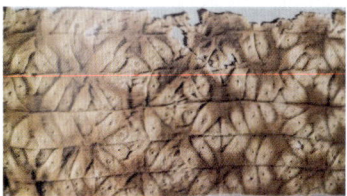

图4-71 棕色绞缬菱花绢（唐）
（新疆维吾尔自治区博物馆藏）

图4-72 多色花鸟绞缬染绢幡
（唐）（敦煌研究院藏）

葬中出土了两种绞缬绢，绢的质地和绞缬方法、纹饰都和1963年在这里发现的西凉建初四年（公元408年）出土的绞缬绢类似，它们都是现存最早的绞缬。

隋、唐时期，染织工艺高度发达，扎染也是隋、唐时期民间普遍使用的印染方法。《唐书》记载民间妇女流行"青碧缬"服饰。当时四川的丝织品中，"蜀缬"地位很高，白居易"成都新夹缬"的诗句，即是对蜀缬的赞颂。"丝绸之路"的重镇新疆吐鲁番和甘肃敦煌出土了大量唐代扎染品。如图4-69所示，蓝地小花夹缬绢为平纹绢地用夹缬法印染花纹，蓝地、黄色小花纹样，图案朴素，色彩清秀，独具古朴气质。

隋、唐、五代扎染除了用于服饰、彩幡外（图4-70），还逐渐用于帐幔、屏风等。五代至宋初时期，上至王公贵族下至庶民百姓都穿着使用扎染品，服饰和室内家具饰品无处不见扎染艺术。扎染艺术进入北宋时期，"鹿胎缬"等技术越来越趋于精致，逐渐成为当时极为贵重的染织品。由于其过于费工费时，以致北宋政府曾下诏屡禁"鹿胎缬"。《宋史·舆服志》记载，天圣二年（1024年）诏令："在京士庶，不得衣黑褐色地白花衣服，并蓝黄紫地撮晕花样。妇女不得将白色、褐色毛缎并淡褐色匹帛制造衣服，令开封府限十月断绝。"诏令中列举的"黑褐色地白花衣服"和"蓝黄紫地撮晕花样"，无疑都是特指染缬，而"撮晕"极有可能是扎染工艺的"撮晕缬"。政府曾下诏禁止，可见其流行之广和费工之多。

如图4-71所示，棕色绞缬菱花绢（唐）1968年新疆阿斯塔那北区117号墓出土。棕色绞缬菱花绢是先将素绢按同样宽度折叠成条，用针线按反向斜角来回缝刺，随手将线抽紧，并加扎结，水浸后入棕色染液染色，染完晾干，拆去缝线，就能显现棕色地、白色菱格之花纹，花纹具有晕染效果。

如图4-72所示，多色花鸟绞缬染绢幡（唐）在1965年甘肃省敦煌莫高窟第130窟主室南壁岩孔内发现。此为多色绢幡，唐代制作。幡身六段，除第三段为蜡缬绢，其余各段为花绞缬绢，在绿地或紫地上显出整齐的白点。幡身各段相接处撑以芨草棍，两侧缀蓝色短丝穗。这件绢幡缝制工艺细，色彩鲜丽，纹样精美，保存完整。

图4-73　蓝地绞缬朵花罗（唐）
（新疆博物馆藏）

如图4-73所示，蓝地绞缬朵花罗（唐）1972年吐鲁番阿斯塔那出土。蓝地绞缬朵花罗是先将菱纹罗地绞扎成四瓣花形，入棕黄色染液染色，干后再密扎原绞扎口，入蓝色染液套染而成。

北宋时，除了中原地区外，北方等少数民族聚居地区也开始流行扎染品。当时流行一种称为"瑶斑布"的蜡染和"药斑布"的蓝印花布，极大丰富了染缬艺术。

北京故宫博物院刻本《碎金》记载，元、明时期有"檀缬""蜀缬""撮缬""锦缬""蚕儿缬""浆水缬""三套缬""哲缬""鹿胎缬"九种染缬方法，且这些方法在隋、唐时期就已基本出现。

据《本草纲目》和《天工开物》记载，明代可用于染色的植物已扩至几十种，同时"拔染"技术极大提高了生产效率，但是蜡染、扎染等防染技术仍以腚蓝为主要染料。

清代印染业非常繁荣，染料多达数百种，地域特征更加分明。全国范围内扎染已经不占主要地位，但是云南、四川等地仍以扎染工艺为主，并且形成了民族特色和地域特色。时至今日，在云南大理、湖南凤凰、四川自贡等地都大量制作、使用或出售扎染艺术品。但清末民初，大量人工合成化学染料涌入中国，部分少数民族地区仍沿用植物染料。

二、扎染的特点

扎染的主要特点有以下几个方面。

（一）扎染技法繁多

扎染需要对面料进行捆绑、缝扎、板夹、折叠等处理，如图4-74所示，不同纹样使用的技法不同，因此扎染工艺中每种纹样几乎都对应一种技法，不同的纹样需要选择不同的技法。同时扎染染色方法繁多，风格各异，各有千秋。

（二）色彩单纯古朴

传统扎染采用常温或低温浸染，多色染难度较大，费时费力，因此扎染以单色为

主，染料一般取材当地植物。如云南、贵州等地因适于蓼蓝的种植，这些地方的扎染几乎全部为靛蓝染，如图4-75所示。人工合成的化学染料发明后，扎染可以煮染，因此多色染得以成为现实，才使得扎染艺术得以飞速发展。

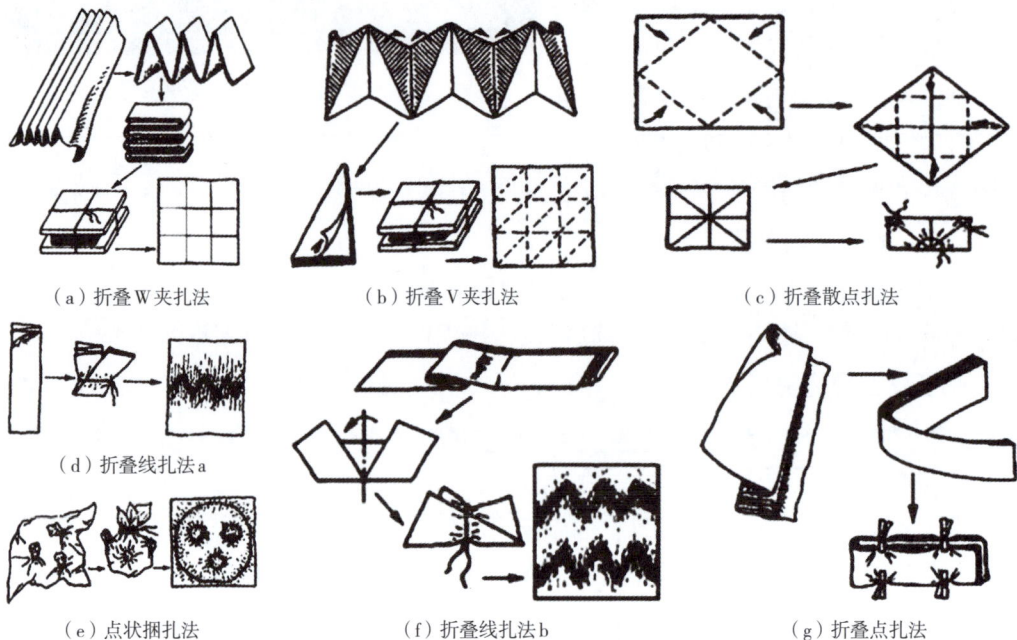

(a) 折叠W夹扎法   (b) 折叠V夹扎法   (c) 折叠散点扎法

(d) 折叠线扎法a   (e) 点状捆扎法   (f) 折叠线扎法b   (g) 折叠点扎法

图4-74　扎染技法示例

图4-75　鱼子绞菊花长巾（唐代工艺，现代制作，江苏南通蓝印花布博物馆藏）

（三）纹样独特抽象

白色或浅色纺织面料扎结松紧、疏密、大小的不同变化，经染色后自然呈现层次丰富、浓淡相宜、韵味无穷的色彩互相渗透，产生晕染效果，具有独特的艺术趣味。受工艺影响，扎染适合表现抽象或简略概括的图案，而难以像蜡染、夹染那样具体表现花、鸟、鱼等具象图案。另外，扎染染出的花纹多正反一致，具有面料表里相同或相近的装饰效果，特别是薄棉布、丝绸等面料，此特征更为明显。

（四）艺术表现自由

扎染不画图稿，直接进行扎结作业。扎染的结扎技法和捆扎技法全凭手感直接进行，具有很高的表现自由度和灵活性，如图4-76所示，这一点与夹染、蜡染等其他印染工艺不同。

图4-76　扎染和服、披肩

总之，扎染的独特不仅体现在制作技法、肌理表现和色彩古朴上，而且扎染艺术是生活智慧和艺术审美的结晶，每一幅扎染作品都是独一无二的。这是人们在手工制作中传达出来的天真意趣，以及与自然界和谐统一的人生境界。不同面料、不同扎结的方法和各种染色技术的巧妙运用，使扎染艺术呈现出随心所欲、变化无穷的艺术风貌，形成了洒脱、自由、质朴的艺术魅力。

三、扎染的工具与材料

（一）扎染的工具

1. 绘稿工具

绘稿工具包括铅笔、画粉、绘图纸、直尺、圆规、橡皮、画粉、刻刀、锤子、毛笔、毛刷、调色盆等。

2. 扎结工具

扎结工具包括竹板、木夹、金属夹、塑料夹、大中小各种型号的缝衣针数根、双股棉线、顶针等。

3. 染色工具

染色工具包括不锈钢染锅、加热炉、搅拌棒、食盐等。

4. 其他工具

其他工具包括镊子、剪刀、天平、温度计、量杯、洗涤剂、电熨斗等。

（二）扎染的材料

1. 面料

扎染所用面料以棉、麻、丝、毛等天然纤维织物为主，其中棉、麻属于植物纤维，丝、毛属于动物纤维。人造纤维也可用于扎染，包括再生纤维、半合成纤维、合成纤维。棉质地柔软洁白，常见的有白坯布、府绸、棉绒、棉质针织面料等。麻的品种很多，有亚麻、苎麻、大麻、黄麻、剑麻、蕉麻等，用纯麻织物染制的室内装饰壁挂，具有独特的艺术韵味。丝包括家蚕丝和柞蚕丝，家蚕丝比柞蚕丝应用广泛，丝纺织面

料称为丝绸，分为纺、绉、缎等品种，非常适用于染制服装、丝巾等衣着用品。毛有羊毛、牛毛、兔毛、骆驼毛等，以羊毛最为多见，羊毛又分为绵羊毛和山羊毛，纤维富于弹性，扎染效果简洁明快。

2. 染料

染料的种类繁多，可分为天然染料和化学染料两大类。

（1）天然染料：主要是植物染料，用植物染料染色又称草木染。某些植物有特定的颜色，可以作为染料使用。例如，把栀子或槐花等捣烂，再泡入染缸内制成染液，可以染制深、浅不同的黄色；用茜草、椿树皮等染制红色；用板栗壳、野杜鹃、野山柳等染制黑色。蓝染最为普遍和常见，至今在许多地区民间仍然大量使用蓝染。中国利用蓝草染色的历史，可以追溯至周朝。《诗经》中就有"终朝采蓝，不盈一襜"的诗句，说明了春秋时期人们就会采集蓝草，用于染色。《礼记·月令》中也有"仲夏之日，令民毋艾蓝以染"的描述，说明战国至两汉期间，人们大量种植蓝草，按季节收割。蓝草又称蓼蓝，如图4-77所示。蓼科一年生草本植物，用来提取靛蓝的植物。主用染色和药用，清热类中草药，解毒、解热、杀菌。北板蓝根，十字花科植物菘蓝（茶蓝、大青叶），如图4-78所示。南板蓝根，爵床科植物马蓝的根茎及根，如图4-79所示。将秋天收割的蓝草，沤入木桶并放入石灰，发酵后去渣，沉淀即成靛浆，用其制成染液，可染制各种蓝色。

图4-77 蓼蓝　　　　　　图4-78 菘蓝　　　　　　图4-79 马蓝

（2）化学染料：又称人工合成染料，一般根据染织物的材质选择具体染料。化学染料又可分为直接染料、酸性染料、纳夫妥染料、活性染料等几类，同时化学染料还需配套使用相对应的促染剂和固色剂。促染剂可以加快染色速度，防止染色时形成色斑，使染物吸收染液中的染料，增强色度。直接染料中可加入食盐作为固色剂。

①直接染料：溶于水，适合染棉、麻、丝、毛等天然动、植物纤维织物，是扎染的常用染料。其优点是色谱齐全、价格便宜、调色自由，但日晒色牢度较差，不耐水洗，染后需要固色。因此，直接染料一般用于不常水洗、日晒的扎染服饰品。

②酸性染料：适宜染毛、丝等动物纤维织物。酸性有强、中、弱之分，需要根据面料的薄厚和纤维选用。一般较厚的毛纤维面料选用较强的酸性染料，较薄的丝纤维

面料选用较弱的酸性染料。酸性染料色相丰富，色度鲜艳，色牢度较好，是制作丝绸类扎染品的常用染料。

③纳夫妥染料：在低温下染色，又称冰染料，适合染制棉、麻织物。染色过程需要先打底后显色，染色需要使用打底液和显色液。

3. 线绳

扎染用的线绳需要有坚韧度、不易拉断。缝纫线、牛仔线、粗棉纱线绳、锦纶线绳、细麻绳等均可作为扎染用线绳。

四、扎染的制作方法与实例

（一）扎染制作方法

扎染的步骤主要包括准备材料、图案设计、手工扎制、染色工艺、染后处理等。全部过程中，图案设计和扎制是最为关键的环节。

1. 准备材料

扎染服饰品的面料以薄型为宜，为了染色均匀，需要首先对面料进行处理。将面料在水中浸泡12小时左右，可退去布料上的浆；纤维上的杂质可用烧碱加水沸煮去除，烧碱用量为面料重量的3%，水为面料重量的30倍左右。然后用清水将面料漂洗干净、晾干和烫平。根据后续扎染的需要将面料剪裁成适当的大小和形状。

2. 图案设计

花、鸟、鱼、虫、人物、风景均可作为扎染图案，花纹类型多种多样，可以采用单独纹样、对称纹样、连续纹样和综合纹样等多种组合，设计师根据创意设计使用图案。

3. 手工扎制

扎制的关键在于把握好扎紧度，太紧，染液难以渗透，防染部位形成的图案生硬，难以形成晕色效果；太松，则达不到防染目的，图案轮廓过于模糊。扎制方法主要有缝扎、捆扎、叠扎、包扎、结扎及夹扎等，最为常用的是缝扎。

（1）缝扎：是根据设计的图形用针线按描稿底线平缝，然后抽紧打结加以固定的扎结方法。缝扎法灵活多变，外轮廓图形准确、清晰，可以表现丰富的图案，尤其是表现具象的内容，如图4-80所示。缝扎有平缝和卷缝两种基本缝制方法。

①平缝：分为双层缝和多层缝。平缝是将面料对折或多次折叠后，沿着折痕下方平缝。折叠的层数取决于面料材质、薄厚、图案设计要求和染色工艺等因素。

图4-80 缝扎

②卷缝：先将面料对折，在折痕处斜向走针，把折痕卷起。卷缝线型富于变化，适合表现具有韵律的图形。

（2）捆扎：是用线绳捆绑或缠绕面料的某一部分或整体起到防染作用的一种方法。经染色后，扎线间隙会出现丰富多变的无限层次色晕，形成变幻莫测的抽象图形。捆扎后形成的图案是扎染艺术中最古老、最普遍的圆圈纹。捆扎时，用针挑起面料一点，将面料拢成伞状，按照设计选择合适的长度，用线绳捆绑。将面料折成扇形，运用横向、斜向、等距等不同的缠线方法，可呈现出不同的图案变化，如图4-81所示。

（3）叠扎：是一种折叠防染法，将织物本身进行多种不同的几何形折叠，再用线、绳扎紧，或用工具压紧，称为折叠。有些图形可用折叠，然后用针线以不同的技法进行缝钉牢固，染色后便会产生多种不同的图形，如图4-82所示。

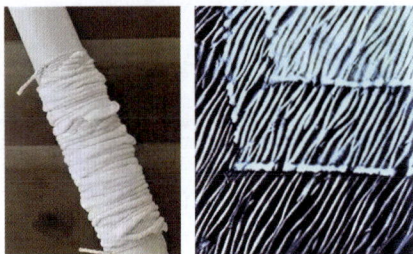

图4-81　包树枝捆扎及效果　　　　图4-82　叠扎及效果

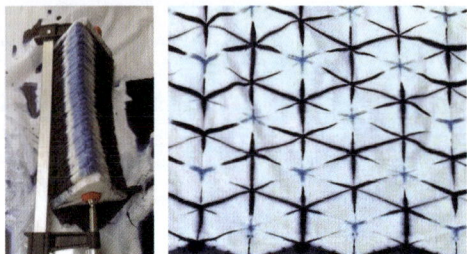

（4）包扎：包扎是把木块、种子、小石子、硬币、树枝、塑料管等物品用面料包裹并用线绳捆扎从而起到防染作用的扎结方法，如图4-83所示。包扎物的大小、形状、材质差异使得染后花纹各异，令人惊奇。

（5）结扎：结扎是将织物作对角折叠或其他方式折曲后自身打结抽紧，产生阻碍染液渗入的作用，如图4-84所示。打结的方式有四角打结、斜打结、任意部位打结等。

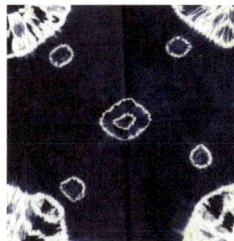

图4-83　包扎及效果　　　　　　图4-84　中间包扎、四角结扎

（6）夹扎：将织物折叠整齐，用夹板和金属夹、塑料夹、筷子、竹板等材料夹在织物上，然后将织物包紧，起到防染作用。夹扎的图案多呈几何形，如图4-85所示。夹板的形状规格、折叠面料部位和方法、夹扎的部位数量以及松紧程度等都会影响染后图案，如图4-86所示。

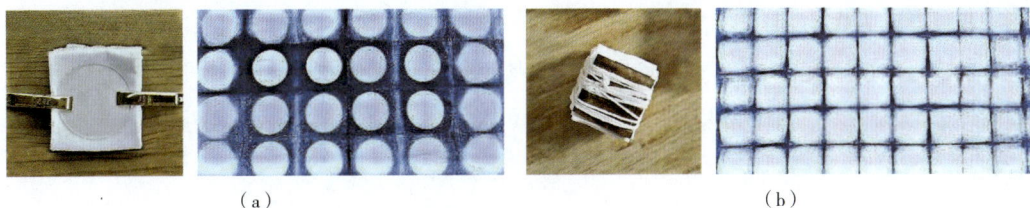

(a)   (b)

图4-85　夹扎及效果

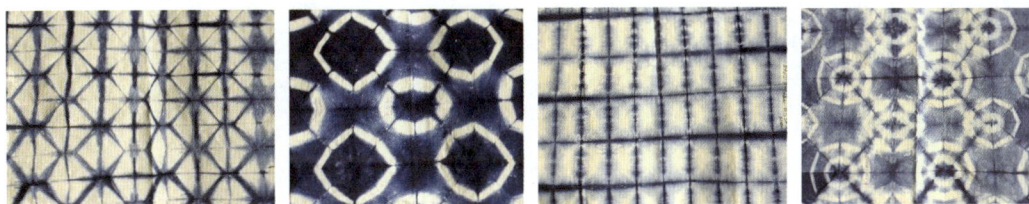

图4-86　折叠后夹板染效果（学生作品）

4. 染色工艺

染色是扎染的重点环节，通过染色才能呈现各种扎结方法形成的不同效果。每种染料都有不同的染色方法。扎染的染色工艺主要有单色染色法、多色染色法、局部染色法和完全染色法。染液配制的通常比例为1∶8。将水染液加热至90℃左右时，倒入染液器具搅匀，放入织物，加适量盐搅匀，勤翻动，再加热至100℃左右，持续20分钟拿出，染色完毕。染色时可以选择局部浸泡，高温时一般用吊染，也可以选择全部面料浸泡，全部染色。

（1）单色染色法：将扎结好的织物投入染液中一次染色，随即水洗、拆线，画面色彩只有花纹色和底色两个色彩，花纹色为防染部分的面料色，一般为白色或浅色，以白色居多，底色为染料色，以深蓝等深色居多，图底分明，对比强烈，如图4-87所示。

（2）多色染色法：指染两种或两种以上的色彩，可分为同色相不同明度染色法和不同色相染色法两种。通常多色染色先染浅色，然后做扎结防染处理，再染深色或其他颜色。根据需要，可以反复扎结多次染色，这样色彩多变，层次丰富。但是，染色不应太多，太多反而效果不好，以两三种颜色为宜。如果染料色相不同，染色时相互渗透，会出现渐变色、混合色或过渡色，深色会覆盖浅色，如图4-88所示。

图4-87　单色染色   图4-88　多色染色

5. 染后处理

染色后织物经充分水洗、皂洗，去除表面的浮色和助剂，晾至半干后拆线。潮湿状态下拆线易形成针洞及沾色，全干后拆线饰品表面褶皱严重，不易展平。半干拆线后应进一步水洗，最后晾干、熨平，得到扎染成品。

（二）扎染制作实例

扎染制作一般需要染前处理、捆扎、染色、染后处理等步骤，下面以缝扎为例进行实践操作。

1. 染前处理

为了保证扎染制作过程中染色均匀，需对织物进行染前处理。通常都会选用天然面料，如棉、麻、丝、毛等，因为新的面料上都带有浆料、助剂及一定成分的天然杂质，所以要先进行染前处理，去浆，目的是除去浆料。实例中选用的是纯棉坯布，用清水浸泡清洗布料去浆及杂质，然后晒干熨平待用，如图4-89所示。

2. 描绘图案

将设计好的图案用画粉或易洗掉的笔在织物上进行绘制，如图4-90所示。

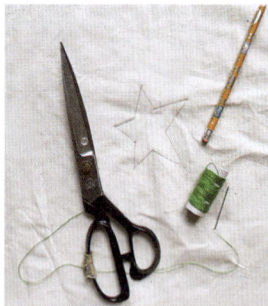

图4-89　缝扎工具、去浆　　　　　　　　　　　图4-90　绘图

3. 缝扎

缝制图案，手缝针脚1～2mm即可，缝完后拉紧缝线，系紧打结，如图4-91所示。

4. 染色

缝扎完成后，将面料放入已准备好的染液中浸染或煮染一定时间，浸染时不断翻动，染色10～15分钟，如图4-92所示。染色完成后拧干染液，然后用清水冲洗、晾干。

5. 拆线

晾后的捆扎面料可在不完全干透时拆掉缝线，如图4-93所示，再次冲洗去掉残留颜色后等待晾干。

6. 染后处理

用熨斗将未完全干的面料熨烫平整，这样就完成了，如图4-94所示。

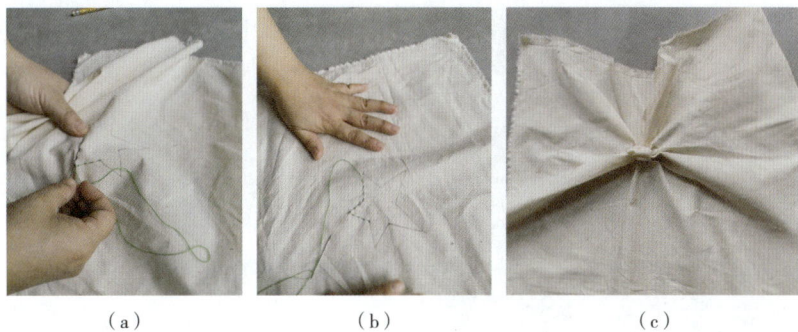

（a）　　　　　　　　　　（b）　　　　　　　　　　（c）

图4-91　缝扎

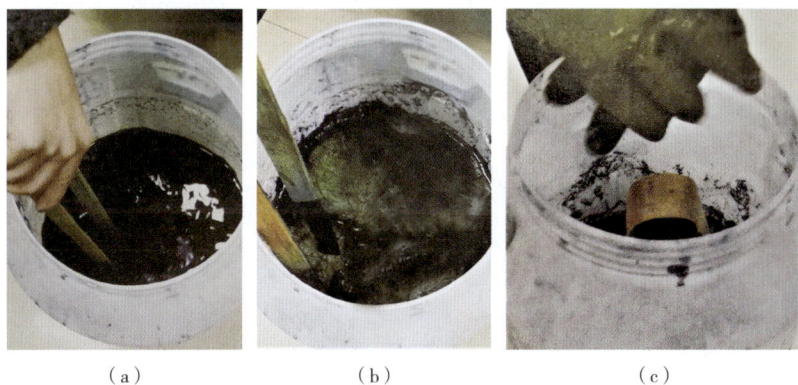

（a）　　　　　　　　　　（b）　　　　　　　　　　（c）

图4-92　染色

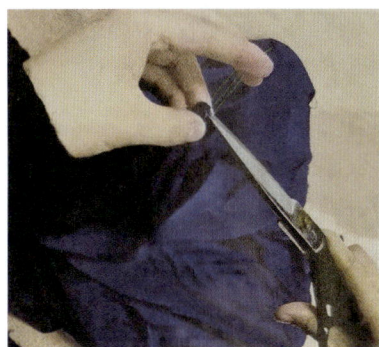

图4-93　拆线

图4-94　最终效果

第四节　蜡染

蜡染，又称蜡防染色，古称蜡缬，是一种以蜡为防染材料进行防染的传统手工印染技艺。该工艺是用蜡刀蘸蜡液，在麻、丝、棉、毛等天然纤维织物上描绘纹样，在

图4-95　蜡染

低温靛缸中浸染后用水煮脱蜡实现染色的。蜡染饰品纹样线条流畅，装饰感强，具有浓郁的民族风格。如图4-95所示，蜡染工艺至今仍在布依族、苗族、瑶族、仡佬族等少数民族中盛行，尤其是在我国西南少数民族地区世代相传。有些少数民族妇女的衣袖、衣襟和衣服前后摆的边缘、头巾、围腰、衣服、裙子等服饰，都是蜡染制成。其他如伞套、枕巾、饭篮盖帕、包袱、书包、背带等也都使用蜡染。蜡染除了蓝、白两色外，还可加染红、黄、绿等颜色，称为多色蜡染。

一、蜡染的发展历史

蜡染的起源至今无统一结论，在埃及、印度、日本、秘鲁、爪哇、马来西亚、中国等国家和地区都发现了很早就会使用蜡染技艺的证据。在中国发现的早期蜡染实物年代最早，可以追溯至秦汉之际，那时中国西南少数民族聚居的地方就已经熟练掌握了蜡可以防染的特点，利用蜂蜡和虫蜡作为防染的原料。我国西南地区很早就将蜡染制品作为贡品进贡。一些久负盛名的西南少数民族蜡染布，作为精美的工艺品，也受到历代汉族统治阶层的喜爱，宋代苗族的"点蜡幔"、瑶族的"瑶斑布"、溪州生产的"溪布"等都是朝贡的主要物品。

我国宋代文献有大量有关蜡染的记载。例如，宋代朱辅的《溪蛮丛笑》中记载："溪峒爱铜鼓，甚于金玉。模取铜纹，以蜡刻板印部，入靛渍染，名'点蜡幔'。"南宋周去非的《岭外代答》谈到夹板蜡染工艺说："以木板二片，镂成细花，用以夹布，而熔蜡灌于镂中，而后乃释板取布，投诸蓝中，布既受蓝，则煮布以去其蜡，故能受成极细斑花，炳然可观。"可见，早在唐宋以前蜡染已经在贵州少数民族地区盛行了。

明清文献对蜡染的记载更加详尽，说明蜡染工艺已经相当成熟。如明代《嘉靖图经》记载："西南苗，妇女画蜡花布。"《清一统志》记述："花苗裳服先用蜡绘花于布。而后染之，既染，去蜡则花见。饰袖以锦，故曰花苗。"《贵州通志》引《广顺访册》云："境内苗民，妇女在裙用蜡画布，花彩鲜明。"爱必达《黔南识略》卷十一云："荔波董界里有'花瑶'。衣服用蜡染，挑花加以纹饰。"

二、蜡染的特点

蜡染是以蜡为主要防染原料。蜡染制品的花样饱满、风格各异、层次丰富，蜡染纹样多以花草树木和几何图形为主，兼有适量的虫鱼鸟兽。由于蜡的熔点低，受冷水染色的影响，蜡染色彩通常是蓝底白花。

蜡染的冰纹是其让人们为之赞美不绝的性格特征。除了图案精美外，蜡冷却在织物上蜡迹破裂，色料渗入裂缝，得到变化多样人工难以摹绘的天然花纹，像冰花，像龟纹，俗称"冰纹"或"龟纹"。同样图案的蜡画布料，侵染之后，冰纹就似人的指纹一样完全不相同，展现出清新自然的美感。蜡染的"冰裂"纹，类似瓷釉之"开片"极具艺术效果。裂的大小走向，可由人掌握，可以恰到好处地表现描绘对象，特点鲜明。要染多色彩层次的花口，可采用分色封蜡的手段，表现力更丰富。因此，"冰纹"是蜡染工艺的独有特征，"冰纹"被誉为蜡染的"灵魂"。

三、蜡染的工具与材料

（一）工具

蜡染的工具有蜡刀、毛笔、毛刷、刮板、油纸版、木板等。传统绘制蜡花的工具不是毛笔，而是一种自制的蜡刀，如图4-96所示。因为用毛笔蘸蜡容易冷却凝固，而蜡刀便于保温。这种蜡刀是用两片或多片形状相同的薄铜片组成，一端缚在木柄上，刀口微开而中间略空，以易于蘸蓄蜂蜡。根据绘画各种线条的需要，有不同规格的铜刀，一般有半圆形、三角形、斧形等。

图4-96　蜡刀

（二）材料

（1）蜡染坯布：白漂布、本白棉布、人造棉布、麻布、绒布等都可以作为坯布。

（2）蜡：石蜡、矿蜡等都可使用。

（3）染料：以靛蓝为染料，矿物染料有朱砂。

四、蜡染的制作方法

蜡染主要步骤包括：准备材料→图案设计→绘蜡→染色→去蜡→后期处理。

（一）准备材料

1. 准备工具

准备好蜡刀、毛笔、毛刷、刮板、油纸版、木板、布料、染料等。

2. 坯布处理

将坯布投入碱水中蒸煮20分钟，以便脱去油脂和杂质，保证蜡液和染液的附着性和渗透性。

3. 熔蜡

常温下蜡为固体状，上蜡之前必须熔化蜡，蜡的熔点为 50～60℃，将蜡块放入容器中进行加热，使其溶化成液体。控制好温度是绘蜡的关键，溶蜡温度直接影响蜡染的成效。温度太低，蜡液难以渗透，容易脱落；温度太高，蜡液向四周扩散，影响图案的形成。控温可以采用调温电炉，也可采用沸水锅里放蜡盆熔蜡的方法。

（二）图案设计

创造蜡染的创意稿，根据设计或创作不同而效果不同。蜡染的图案造型，一般简洁明确，为肌理创造留足空间。

（三）绘蜡

绘蜡又称点蜡，把白布平贴在木板或桌面上，用蜡刀或毛笔蘸蜡绘制图案，也可以用纸样确定轮廓，如图4-97所示。绘蜡制作刻版工艺类似剪纸，图形之间需留出连线，对阳刻和阴刻应加以注意，分别采取措施，使图形连成一体，避免因花纹脱落导致无法刮印等问题。绘蜡有两种方法，笔刷绘蜡法和蜡刀、蜡壶绘蜡法。

图4-97　绘蜡

1. 笔刷绘蜡法

此法是现代蜡染工艺中最常用、最方便的一种方法。它是直接运用各种大小型号的毛笔、油画笔、笔刷等在面料上画蜡，充分利用各种笔的效果进行绘蜡。绘蜡时尽量达到笔不浸过布的背面，绘蜡不能轻飘或反复涂蜡，蜡液浸过织物即可。蜡的薄厚如不均匀，染色后会出现花斑。绘蜡时，除了控制好蜡液温度外，必须保持毛笔较好的形状。注意蘸蜡时，切忌将笔头碰到盛蜡容器底部，以防温度太高，导致烧焦毛笔。

2. 蜡刀、蜡壶绘蜡法

此法是最传统的绘画方法。蜡壶的最大特点

是可以画出又细又长的蜡线，如图4-98所示。蜡刀因蓄蜡少，画线略短一些。

（四）染色

由于蜡的熔点较低，故染色时不宜采用高温染色，一般采用冷染料或还原染料。传统的蜡染染色是把画好的蜡片放在蓝靛染缸里，一般每一件需浸泡五六天，如图4-99所示。第一次浸泡后取出晾干，便得浅蓝色。再放入浸泡数次，便得深蓝色。如果需要在同一织物上出现深浅两色的图案，可在第一次浸泡后，在浅蓝色上再点绘蜡花浸染，染成以后即现出深浅两种花纹。

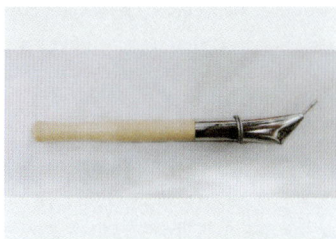 

图4-98　蜡壶　　　　　　　　　图4-99　染色

（五）去蜡

染色完成后需要去除织物上的蜡，方法有两种：一种是沸水除蜡，另一种是熨斗除蜡。

（1）沸水除蜡：是将染色的织物放入煮沸的水中，使蜡融化并浮于水面，用吸蜡纸反复清蜡，直至蜡全部清除。注意容器底部的温度，如果温度过高，容易损伤面料纤维，导致黄褐色色斑，影响蜡染作品整体效果。

（2）熨斗除蜡：是将染色织物平放在台板上，上下两面各垫一张废旧的报纸，用熨斗熨烫，及时更换报纸，持续熨烫，反复多次，直至蜡全部清除。

去蜡以后得到最终蜡染织物，如图4-100所示。

图4-100　完成后效果

第五节　钩织

钩针编织，简称编、钩织。钩织使用的材料是绳、线、纤维材料，用的工具是带钩的钩针。钩织是将线钩编成各种各样花形的技法。钩织应用范围十分广泛，在毛衫、

外套、裤裙、背心、披风、围巾、帽子、披肩、手套、袜子、线包、拖鞋、袜套、床罩、桌心花垫、窗帘、手帕、手提袋等众多服饰品中都可以见到钩织。

一、钩织的特点

钩织是民间流传的手工技艺之一，是人们在长期生活实践中创造的智慧结晶。钩织针法花样有近百种，钩编方法极其丰富，并且可以在基础针法上变化出万千种钩编纹样。钩织的变化主要在钩针针法的变化，技巧在于执针的灵活和绕线的松紧。钩织针法与针距的变化会影响图案对服装整体造型的装饰效果。钩织织物细致玲珑，极具装饰性，富有立体感。

二、钩织工具与材料

（一）钩织工具

钩织的主要工具是钩针，钩针前端弯成钩状。钩针根据材料质地可分为金属钩针、塑料钩针及竹质钩针，金属材料的钩针从细到粗有很多种类，塑料钩针有7～12mm等。选用哪种钩针，要根据线的粗细决定钩针分号。钩针还分为无舌钩针和有舌钩针，如图4-101所示。

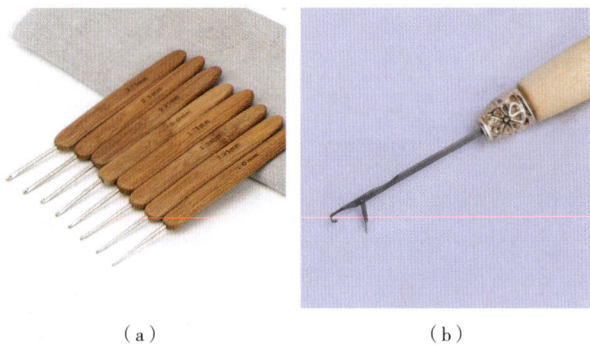

（a）　　　　　　　　　　（b）

图4-101　无舌钩针和有舌钩针

（二）钩织材料

钩织的主要材料是线、绳。纯毛毛线、纯棉线、化纤线、混纺纤维线以及丝绳、皮绳等都可以作为钩织材料。由于线的材质，针的粗细，针法的不同，可编出不同风格及用途的多种花样织物。

三、拿线、拿针、起针

（一）拿线

按图4-102（a）所示，把线挂在左手，按图4-102（b）所示，用拇指与中指捏住线下垂5～6cm处，如果线容易松动，就按图4-102（c）所示，把线缠在小指上。线拿好后可以使用钩针开始钩织。

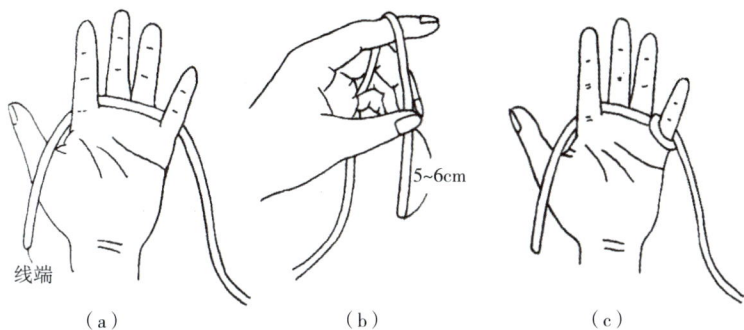

图4-102　线的拿法

（二）拿钩针

如图4-103（a）所示，用右手的拇指与食指轻轻拿住距针尖4cm左右的地方，再按图4-103（b）所示加上中指。

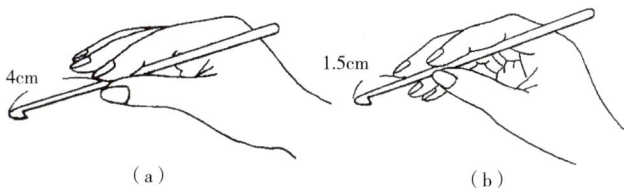

图4-103　钩针的拿法

（三）双手拿针、线

如图4-104所示，把左手拿着的线端，缠在右手拿着的钩针尖儿上，用拇指与食指活动钩针。中指在帮助钩针活动的同时，也起到控制绕在针上的线及线圈的作用。

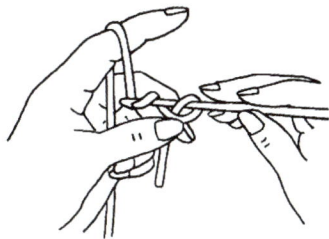

图4-104　两手的使用方法

（四）起针

如图4-105所示，针绕住线后沿箭头方向钩出，拉紧线后，就形成第一针。

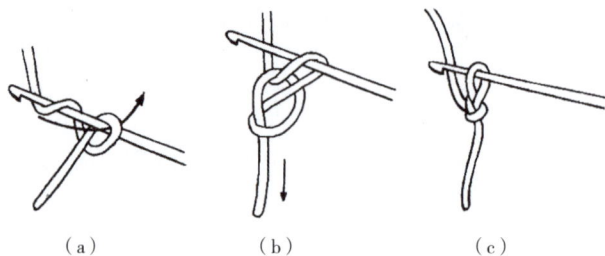

图4-105　第一针的制作方法

四、几种基础钩织针法

（一）辫子针

辫子针是钩织中最基础的方法，作为起针和立脚用。从线内侧将钩针插入，按箭头所示方向转动钩针。用拇指和中指捏住交叉的线，将其挂上钩针，按箭头所示方向将线抽出。

按箭头所示方向，在钩针上挂线。如图4-106所示，具体操作方法为：

（1）按箭头所示方向引拔编织，如图4-106（a）所示。

（2）按箭头所示方向继续引拔编织，如图4-106（b）所示。

第3针、第4针，重复步骤（2）、（3），如图4-106（c）~图4-106（e）所示。

（3）继续织出5针辫子针，如图4-106（f）所示。最初的线圈1针不算钩针上的线圈，如图4-106（g）所示。

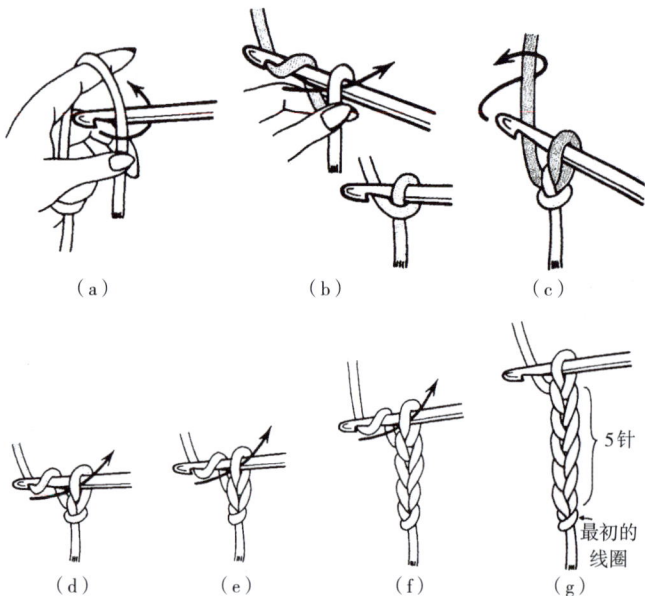

图4-106　辫子针针法

（二）引拔针（在短针上编织）

引拔针的操作方法为：

（1）如图4-107（a）所示，将织片在手前翻转，按箭头所示方向插入钩针。

（2）针上挂线，按图4-107（b）箭头所示方向一次性引拔穿过线圈。

（3）如图4-107（c）所示，将钩针插入箭头穿过的线圈，按照第二步的要领在针上挂线，一次性引拔穿过线圈。

（4）如图4-107（d）所示，按照第三步的要领在针上挂线，沿箭头所示方向一次性引拔穿过线圈，重复编织。

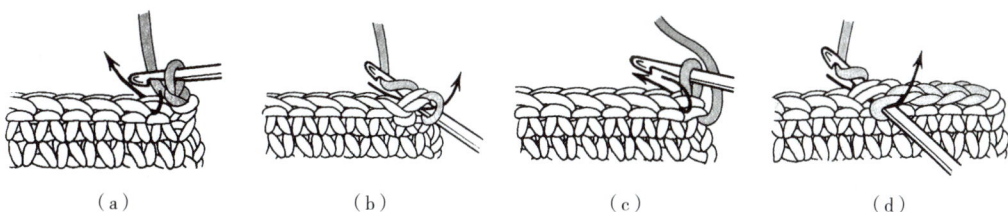

（a）　　　　　　　（b）　　　　　　　（c）　　　　　　　（d）

图4-107　引拔针针法

（三）短针

短针的操作方法为：

（1）如图4-108（a）所示，跳过1针辫子针，在第2针线圈处按箭头所示方向插入钩针，同时将线沿箭头的方向挂到针上。

（2）如图4-108（b）所示，挂好线后，沿箭头所示方向抽出。

（3）如图4-108（c）所示，再次在针上挂线，按照箭头的方向一次性引拔穿过出两个线圈。

（4）如图4-108（d）所示，完成1针短针，在箭头所示线圈处插入钩针，参照步骤（2）、（3）编织。

（5）如图4-108（e）所示，重复步骤（1）~（3），通常情况下，起立针的辫子针不算第1针。

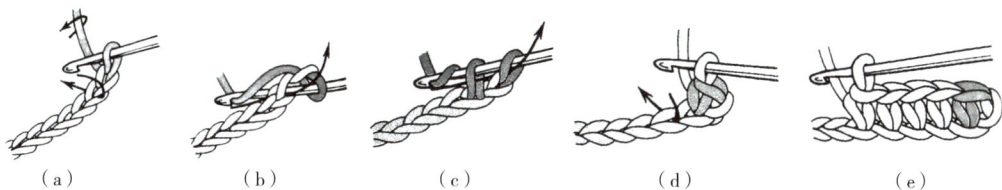

（a）　　　　　　（b）　　　　　　（c）　　　　　　（d）　　　　　　（e）

图4-108　短针针法

（四）中长针

中长针的操作方法为：

（1）如图4-109（a）所示，针上挂线，跳过3针辫子针，在第4针线圈处插入钩针。

（2）如图4-109（b）所示，针上挂线，按箭头所示方向将线抽出。

（3）如图4-109（c）所示，再次在针上挂线，按照箭头的方向一次性引拔穿过出3个线圈。

（4）如图4-109（d）所示，重复步骤（1）~（3）。

起立针的
2针辫子针

台针

（a）　　　　　　　（b）　　　　　　　（c）　　　　　　　　（d）

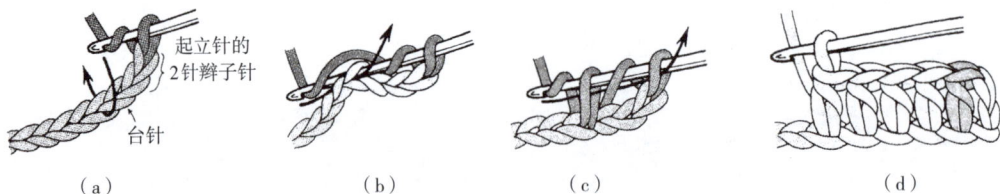

图4-109　中长针针法

（五）长针

长针的操作方法为：

（1）如图4-110（a）所示，针上挂线，跳过4针辫子针，在第5针线圈处插入钩针。

（2）如图4-110（b）所示，针上挂线，按照箭头所示方向将线抽出。

（3）如图4-110（c）所示，针上挂线，按照箭头所示方向引拔穿过2个线圈。

（4）如图4-110（d）所示，再次在针上挂线，按照箭头所示方向一次性引拔穿过2个线圈。

（5）如图4-110（e）所示，重复步骤（1）~（4）。起立针的3针辫子针不算长针的1针。

起立针
的3针
辫子针

台针

（a）　　　　　（b）　　　　　（c）　　　　　（d）　　　　　（e）

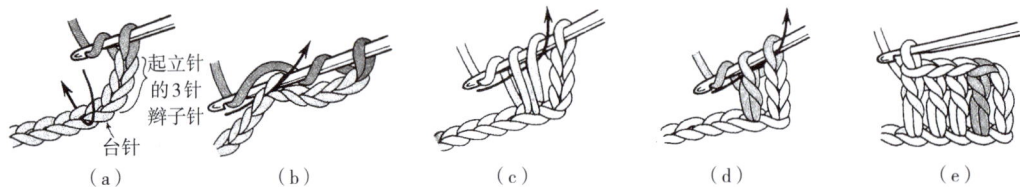

图4-110　长针针法

通常钩针编织，需要先设计好钩织的造型与尺寸，计算花样尺寸，并核对是否与衣片尺寸大小吻合。准备完毕就可以开始钩织需要的图形和片数了。钩织起针是用一根线套成圈一针一针地钩出线套，然后连接或往返，一排一排或短针或长针钩织而成。

第六节　棒织

棒针编织，简称棒织，是一种民间手工编织技艺，是用两根棒针往返来回编织的平面编织物和用四根或环形棒针编织的筒型编织物的手工编织方法。棒织技艺历史悠久，同时蕴含丰富的文化内涵和温情。女性通过亲手棒织编织毛衣、围巾、袜子、手套、帽子等服装和服饰品来表达亲情。棒织主要适用于毛衫、外套、裤裙、背心、披风、围巾、帽子、披肩、手套、袜子、线包、拖鞋、袜套等服饰品，如图4-111所示。

（a）毛衣　　　　　　（b）围巾　　　　　　（c）包

图4-111　棒织服饰品

一、棒织的特点

棒针编织是民间流传最广泛、最普及的手工技艺之一。最初使用棒针编织是为了达到保暖的效果，随着人们生活水平的提高，逐渐添加了艺术元素，棒织服饰品越来越精美。棒织针法花样有百余种，编织方法极其丰富。在基本针法基础上可以演变出万千种编织纹样和色彩的组合。棒针编织的服饰品具有凹凸起伏的肌理效果和套与套之间相互交错穿插，形成扭曲而立体感很强的纹样。棒织服饰品日趋精美化、多样化和风格化，棒织服饰品线材、配色和图案都可以基于设计变得十分独特。

二、棒织工具与材料

（一）棒织工具

棒针是编织的主要工具。棒针有多种材料，包括竹针、塑料针、金属针、骨针等。棒针工具根据粗细长短可以分为多种若干型号，如图4-112所示。

针号	米制单位
0	2 mm
1	2¼ mm
2	2¾ mm
3	3¼ mm
4	3½ mm
5	3¾ mm
6	4 mm
7	4½ mm
8	5 mm
9	5½ mm
10	6 mm
10½	6½ mm
11	8 mm
13	9 mm
15	10 mm

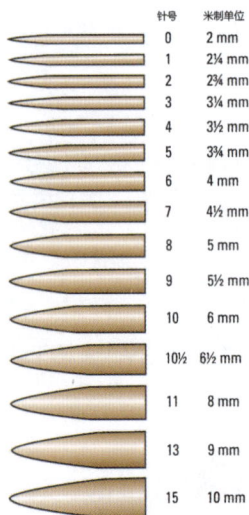

图4-112　棒针的型号

（二）棒织材料

棒织的主要材料是绒线，又称毛线。绒线种类繁多，如纯毛毛线、纯化纤毛线、混纺毛线和马海毛以及纯棉线、丝线、腈纶线、膨体纱、锦纶丝、人造丝线等。绒线主要分为纯毛类、混纺类和纯化纤类三种主要类别。纯毛类绒线是由羊毛、兔毛等动物纤维纺织的绒线。按其品质可分级为支数毛和级数毛，同质羊毛按支数，异质羊毛按级别。其中支数毛分60支、64支、66支、70支四档品质支数，异质毛根据纤维细度及细度均匀度、外观、手摸底绒含量、毛辫长短、粗死毛含量等对照分级标准（文字和标样），分为一级毛、二级毛、三级毛、四级毛、五级毛五档。绒线按类型分为高粗毛线、中粗毛线和细毛线。绒线可以有花色，包括针织绒线、印花绒线、珠珠绒、夹花绒线、夹丝绒线、圈圈绒线、竹节绒线、链条绒线等花色绒线。混色线可以自制，将原料线的一种或几种混纺或混捻在一起形成新的线材。

（三）其他材料

其他材料主要是指各种饰物搭扣、连接物拉链、装饰用金属环等。

三、棒织的基本方法与步骤

（一）棒织基本针法

棒织基础针法包括上针、下针、加针、减针、脱针、平针、上下针、罗纹针、滑针、浮针、卷针等。

1. 起针

手指起针是最常用的基本起针方法，织好的边儿具有适当的伸缩性，可以用于各种织片的编织起点，如图4-113所示。

（1）如图4-113（a）所示，线头端留出约为想要编织宽度3倍的长度。

（2）如图4-113（b）所示，制作一个环，用左手捏住交叉点。

（3）如图4-113（c）所示，从环的内侧拉线头端。

（4）如图4-113（d）所示，用拉出的线制作一个小小的线环。

（5）如图4-113（e）所示，将2根棒针插入小小的线环中，拉两端的线，将线环收紧。

（6）如图4-113（f）所示，1针完成。将短线（线头端）挂到拇指上，将长线（线团端）挂到食指上。

（7）如图4-113（g）所示，针尖按箭头1、2、3的顺序移动，将线挂到棒针上。

（8）如图4-113（h）所示，按照箭头1、2、3的顺序挂线后的样子。

（9）如图4-113（i）所示，暂且松开拇指，再按照箭头的方向重新插入拇指。

（10）如图4-113（j）所示，指定数量的针目起针完成，抽出1根棒针。

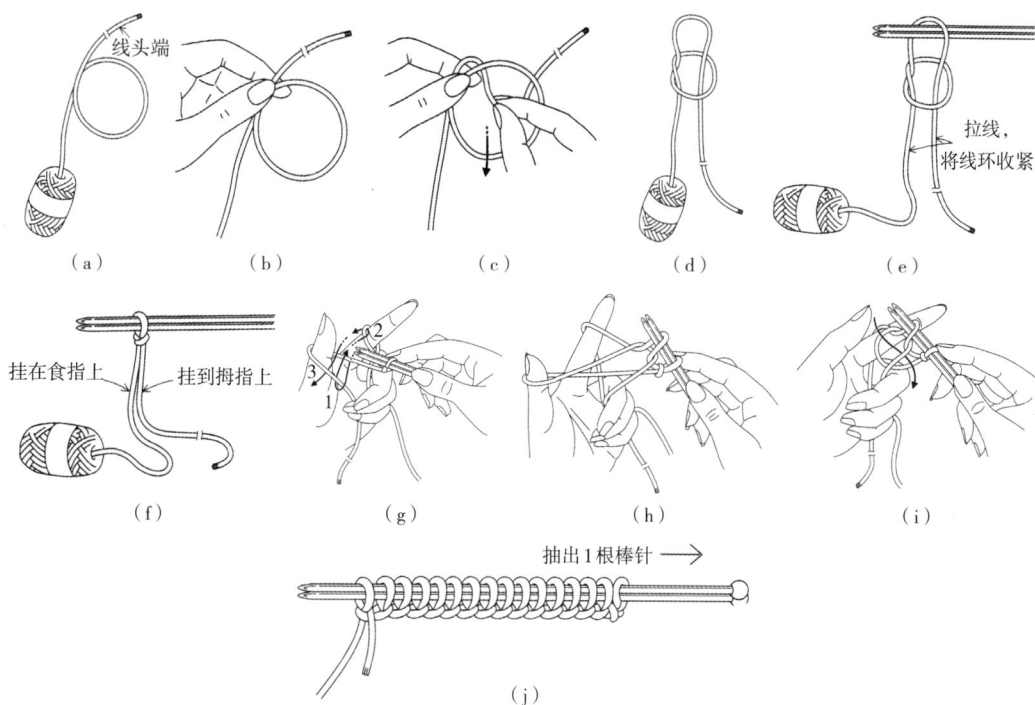

图4-113　起针步骤

2. 上针

上针编织步骤如图4-114所示。

（1）如图4-114（a）、图4-114（b）所示，将右棒针向上插入左棒针的第一针针圈。

（2）如图4-114（c）所示，将线绕上右棒针的尖端。

（3）如图4-114（d）所示，从针圈中挑出。

（4）如图4-114（e）所示，完成上针编法。

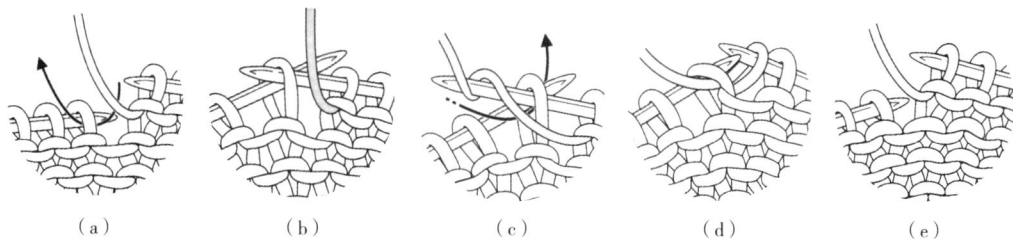

图4-114　上针步骤

3. 下针

下针编织步骤如图4-115所示。

（1）如图4-115（a）所示，将右棒针向下插入左棒针的第一针针圈。

（2）如图4-115（b）所示，将线绕上右棒针的尖端。

（3）如图4-115（c）所示，从针圈中挑出，即完成下针编法，如图4-116（d）所示。

（a）　　　　　　　　　（b）　　　　　　　　　（c）　　　　　　　　　（d）

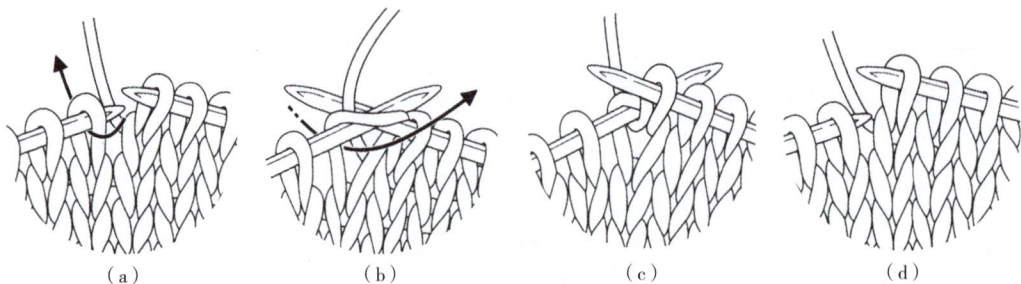

图4-115　下针步骤

4. 加针

加针是在需要加针的位置，并从这一针的前一行的针圈中挑一针起来，再接着编织，使连续编织尺寸变宽针数变多。另外还有三加针的方法，是在一个线圈中加放出3针，即一针中加一针下、一针上、一针下，依此方法还可以放出4~7针，形成球形针的效果。

5. 减针

减针是将两针或三针并为一针的方法，或是在一排的最后拨下一针翻压在并针上面。

6. 平针

平针是指编织后的表面为平整的织物。如果两根针编织，单数排用下针编织，双数排用上针编织，其效果平整。如果用环形或四根棒针编织，只需要用下针即可。

7. 罗纹针

罗纹针是指编织后织物表面一凹一凸的效果。编织一上一下进行即得到罗纹针。

另外，变化基础针法还可演变出桂花针、麻花针、菠萝花、石榴花、链条花等丰富的针法。

（二）棒针编织步骤

首先，设计好要编织物件的尺寸和结构分片，再计算好每一片尺寸大小内的针数，选择绒线的粗细和棒针的型号。一般编织平服细密的织物，棒针宜细，反之棒针宜粗。准备好后就开始编织。编织起针是用一根线通过一针一针地套线，有双边起头法、单边起头法，然后往返回复编织需要的针法，一排一排加织成片，最后缝合成形。缝合方法有平针缝合法、全下针缝合法、双边收口法等。棒针编织的花形是在基础针法上变化针数和编制方法等形成的花样。棒针编织技巧主要在于编织的花形和带线手势的松紧。

第七节　编结

编结又称结艺，是以绳打出的各式各样的"结"，是一门极具中国特色的手工技艺。编结可以打出很多花样，用于服饰品，并有吉祥之寓意。

一、我国编织的历史

中国结年代久远，其历史贯穿于人类史始终，漫长的文化积淀使得中国结渗透着中华民族特有的、纯粹的文化精髓，富含丰富的文化底蕴。

"绳"与"神"谐音，中国文化在形成阶段，曾经崇拜过绳子。据文字记载："女娲引绳在泥中，举以为人。"又因绳像盘曲的蛟龙，中国人是龙的传人，龙神的形象。我国先民很早就用绳结盘曲成"S"形饰物饰于腰间。周代佩玉风盛行，玉要靠绳结相连，随之中国结的装饰性渐渐形成。用绳结来装饰器物及服饰，深受王公贵族们的喜爱，中国结已是当时宫廷手工艺品之一。南北朝的"腰间双绮带，梦为同心结"，到隋唐"披帛结绶"，是中国结发展的第一高峰，相继出现了许多现在我们常用的基本结，如万字结、团锦结、十字结等。

宋代的"玉环绶"，以后出现了酢浆草结，是许多由单结串联在一起的装饰结，结渐趋复杂化。直至明清，旗袍上的"盘扣"及传世的荷包、玉佩、扇坠、项链、发簪、眼镜袋、烟袋以及书画挂轴下方的风锁等物品都编有美观的装饰结。清代为中国结发展的第二个高峰，文学作品中"方胜""连环""梅花""柳絮"等也是当时结饰的名称。帝王宫廷服饰、玉佩的装饰，黎民百姓的布衣、烟袋、荷包上都有编结品，中国结被普遍应用，而且变化复杂，样式繁多。编织从原始单纯实用形式发展成为一种颇具魅力的艺术品形式。

在高度发达的现代社会，人们更加需要情感的补偿，尽管编结是一门制作费时费事的传统文化和技艺，但人们依然对编结技艺这种独特的民间传统艺术表现出特别的钟爱。特别是"四季如意""福寿双全""方胜平变""双喜""好事成双"等表达中华民族特有吉祥含义的结饰，托结寓意。中国结已经成为现代人装饰环境、美化服饰、追慕中国古老文化的一种"情结"。编结饰品更是国际时尚潮流的重要元素，它所显示的情致与智慧正是中华古老文明中的一个侧面。

二、编结服饰品的实例

编结服饰品变化万千，丰富多彩，根据功能分为吉祥结和装饰结两大系列。根据结的形状、用途、历史和寓意赋予了特定的名字，下面是几种常见的编结。

（一）纽扣结

纽扣结又称一字结、玉结、宝石结或葡萄结，纽扣结是作为传统中国服装特用纽扣而制作的结。此结圆润完整，简洁紧固。不但具有实用的价值，而且起着装饰的作用。

纽扣结编织流程如图4-116所示。

（1）如图4-116（a）所示，将斜料缝合，形成纽条。

（2）如图4-116（b）所示，将纽条扭转，形成第一个套儿。

（3）如图4-116（c）所示，B纽条翻转，形成第二个套儿。

（4）如图4-116（d）所示，A纽条穿入、穿出第二个套儿。

（5）如图4-116（e）所示，A、B两纽条同时穿入结耳。

（6）如图4-116（f）所示，结耳往上拉，上下平均抽拉匀称。

（7）如图4-116（g）所示，纽扣结完成。

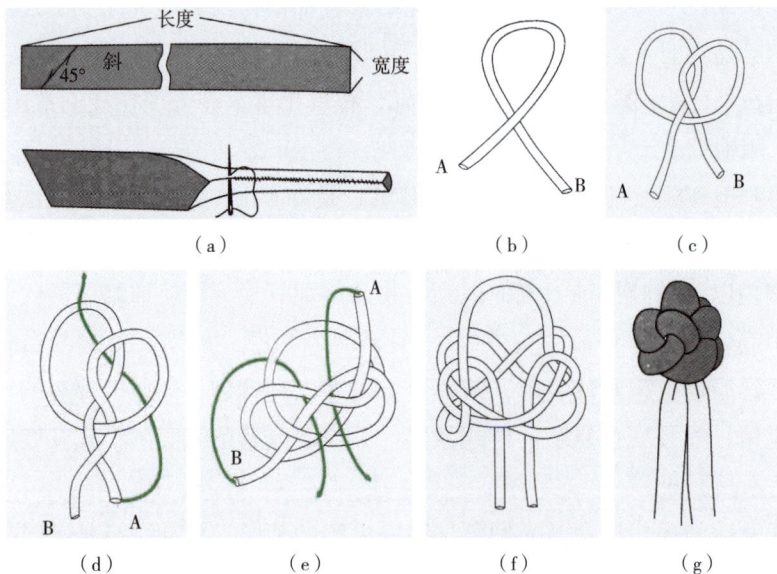

图4-116　纽扣结编结流程

（二）琵琶结

琵琶结是从双线纽扣结演变而来，用于做唐装和旗袍的装饰纽扣，是我国传统装饰中广为应用的结式之一。在服饰扣结中，它的造型完美、大方，富有装饰性和实用性。琵琶结编结简便，多用布料、绳带编结而成。编结时，将绳线按"8"字形的走向盘绕，并及时用针线固定以防散落，完成后将绳尾隐藏在结式背后。

琵琶结编结流程如图4-117所示。

（1）如图4-117（a）所示，绕纽条，形成一个"8"字。

（2）如图4-117（b）、图4-117（c）所示，纽条围绕"8"字来回地绕。

（3）如图4-117（d）所示，纽条最后收线于结心。

（4）如图4-117（e）所示，完成后，在结的反面末端用针线固定。

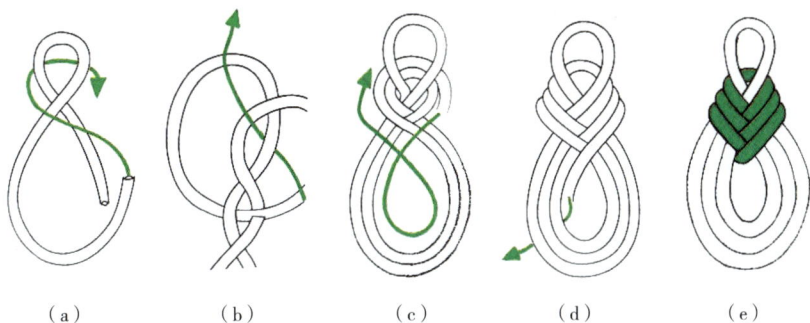

| （a） | （b） | （c） | （d） | （e） |

图4-117 琵琶结编结流程

（三）吉祥结

吉祥结为十字结之延伸，也是古老装饰结之一，有吉利祥瑞之意。其编法简易，结形美观，而且变化多端，应用很广，单独使用时，若悬挂重物，结形容易变形，可加定形胶固定。此结是由双线编织而成，线的走向为顺时针。编成的结正面和反面都一样漂亮，一般用于挂件下面，被称为吉祥穗。

吉祥结编结流程如图4-118所示。

（1）如图4-118（a）所示，用一根绳两头并在一起，形成三耳，按次序1、2、3、4编上号。

（2）如图4-118（b）所示，由1号顺2号上面绕，形成一双线环。

（3）如图4-118（c）所示，由2号顺1、3号上面绕过。

（4）如图4-118（d）所示，由3号顺2、4号上面绕过。

（5）如图4-118（e）所示，由4号顺3号上面绕过，从1号形成的双环内穿出。按方向整理抽紧。

（6）如图4-118（f）所示，循环绕编，抽紧即可。

（7）如图4-118（g）所示，吉祥结完成。

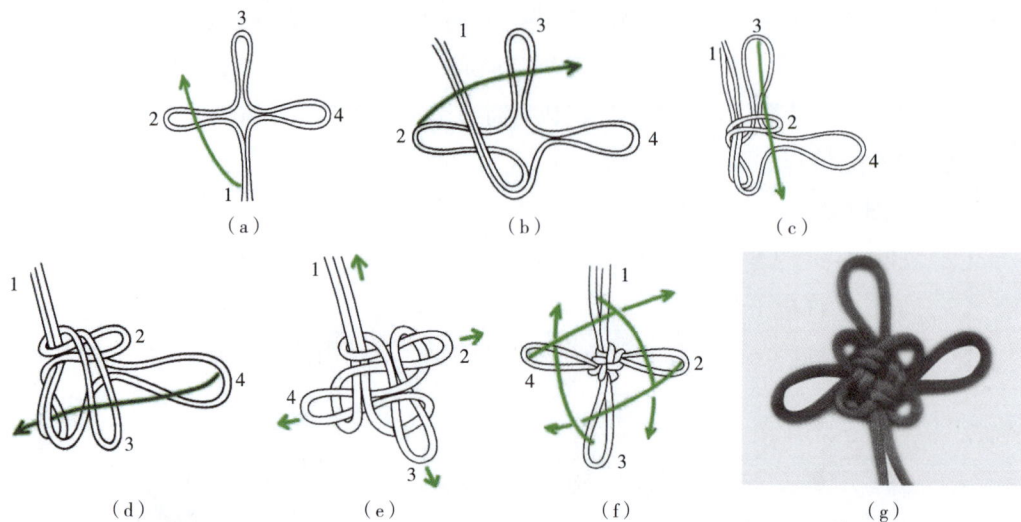

图4-118　吉祥结编结流程

（四）万字结

其结体的线条走向像佛门的标志。"万"也常写作"卍"。"卍"原为梵文，为佛门圣地常见图记，在武则天长寿二年，被采用为汉字，其间读为"万"，被视为吉祥万福之意"万事如意""福寿万代"。如以"卍"字向四端纵横延伸互相连锁作为各种花纹，意味着永恒连绵不断。"万"象征着很大、众多的数目，如"日理万机""腰缠万贯"，同时也代表着绝对的意思，如"万无一失"。由于其形状与酢浆草结相似，故又称为"酢浆草结"。万字结只由单线编制而成，编法简单易学。形成的结正面和反面都一样，可根据自己的想象力与其他图案或其他结式搭配编制。

万字结编结流程如图4-119所示。

（1）如图4-119（a）所示，A线绕一个环，再由B线如图绕过A线绕一个环。

（2）如图4-119（b）所示，A、B线绕成的双联环，中间的两根连线分别拉开。

（3）如图4-119（c）所示，两根拉开的线分别从A、B环中穿出。

（4）如图4-119（d）所示，整理、稍稍抽紧即成。

（5）完成图如图4-119所示。

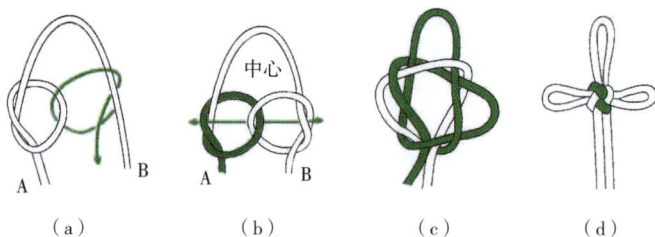

图4-119　万字结编结流程

（五）双钱结

双钱结形似两个中国古铜钱穿套在一起。此结造型对称、平稳、不易散开。双钱结用途很广，可以组合成很多变化结，也可单独做装饰结。双钱结的变化结式有双钱宽结、双钱长结、四环连结、袈裟结、释迦结、笼目结和十全结等。多个双钱结的组合可做杯垫、项链、包带等。双钱结编结流程如图4-120、图4-121所示。

1. 方法一

（1）如图4-120（a）所示，将线对折，b线顺时针方向摆一个圈，线尾在上。

（2）如图4-120（b）所示，a线的线尾顺时针向下，压住b线线尾，由线圈B的中心向上穿出。

（3）如图4-120（c）所示，a线压住b线，由线圈A穿出。

2. 方法二

（1）如图4-121（a）所示，将线对折，做线圈C。

（2）如图4-121（b）所示，b线逆时针方向摆一个圈做线圈D，线尾在上。

（3）如图4-121（c）所示，b线的线尾顺时针向下，由D、C线圈穿出。

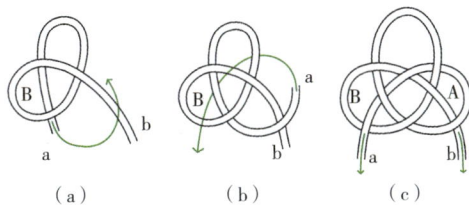

图4-120　双钱结方法一编结流程　　　　图4-121　双钱结方法二编结流程

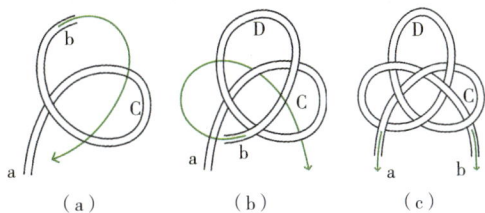

（六）团锦结

团锦结外形类似花形，故此得名。民间多以圆形图案象征团圆和气、荣华富贵等吉祥含义，并常将动物、文字、花草等图形变化为圆形作为装饰。团锦结结形圆满，变化多端，类似花形，结体虽小但美丽且不易松散，常镶嵌珠石，非常美丽。团锦结编结流程如图4-122所示。

（1）如图4-122（a）所示，由左而右走结，先由上往下做1套。

（2）如图4-122（b）所示，左线绕回朝左下走，进1套中间做2套。

（3）如图4-122（c）所示，同条线朝右下，进1、2套中间成3套。

（4）如图4-122（d）所示，同条线再朝下，进2、3套中间成4套。

（5）如图4-122（e）所示，同条线进3、4套中间，全包1套后向右上方向绕回，再进3、4套中间成5套。

（6）同条线进4、5套中间，全包2套后向右下方向绕回，再进4、5套中间成6套。完成如图4-122（f）所示。

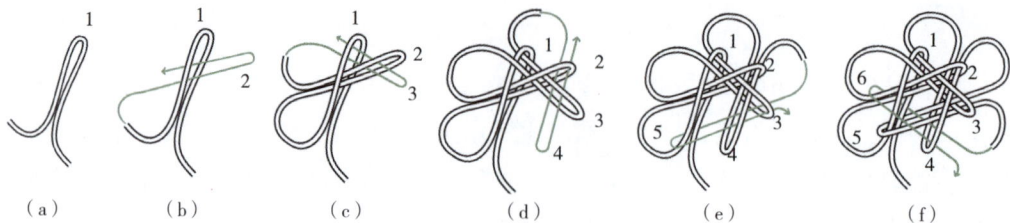

图4-122　团锦结编结流程

（七）双联结

"联"，有连、合、持续不断之意。本结是以两个单结相套链而成，取其牢固、不易松散，故名"双联结"。双联结即由两个单死结相套相扣形成交叉状，有佳偶成对的含义。由于它小巧，不易脱散，常用于编结的开端和结尾，绕紧已打结的绳索，以防滑脱及松散。双联结的变化结式有"之"字形双结、叶片形双结等。"之"字形双结，先制作好一排水平的双结，然后将芯绳折回，其他绳再绕芯绳分别进行双结的编结，即形成"之"字形。叶片形双结，先将最右边的绳作为芯绳，弯成叶片样的弧形，其他绳绕芯绳打双结。叶片下半个弧形仍用最右边的一根绳作为芯绳，然后其他绳绕在上面打双结，完成后就形成一片叶子的形状。双联结编结流程如图4-123所示。

（1）如图4-123（a）所示，取a线，下端顺时针打一个结。

（2）如图4-123（b）所示，取b线由a线的线圈内穿出。

（3）如图4-123（c）所示，b线下端向上逆时针绕经a线下方在左侧打结。

（4）如图4-123（d）所示，将b线下端从a线打结的线圈里穿出，两线向两头拉紧。

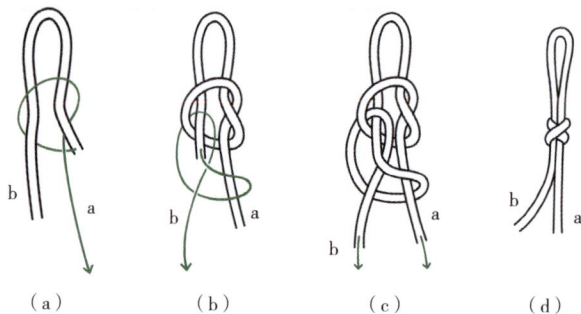

图4-123　双联结编结流程

（八）云雀结

云雀结即形似"云雀头"的结。将线绳对折绕在线绳上，然后从形成的圈中穿出来拉紧，即形成云雀结。云雀结在绳编技法中比较常用，是绳编的基础，此结简单，也最实用，不仅应用于结与饰物之间相连或固定线头之用，也可作饰物的外圈用。

云雀结可编织首饰、流苏和织物的起头，常用此结作为编结的开始、挂绳所用。

1. 云雀结编结流程

云雀结的变化结式有圆形编结、花环编结等。

圆形编结将绳绕成大小合适的圆环形，然后用绳的其余部分在圆环上均匀地编结云雀结，直至将圆环编满。花环编结，将绳结成大小合适的圆环形，然后用绳的其余部分在圆环上均匀地编结云雀结，在结与结之间的部分留出空间，将圆环编结满后形成一个美丽的花环。

云雀结编结流程如图4-124所示。

（1）如图4-124（a）所示，a绳为定位绳，横向拉平两端用大头针固定。将b绳对折，放在a绳上面。

（2）如图4-124（b）所示，b绳上端向下折转绕过a绳。

（3）如图4-124（c）所示，将两根绳插入环中。

（4）如图4-124（d）所示，确定好位置将两根绳拉紧固定到a绳上。

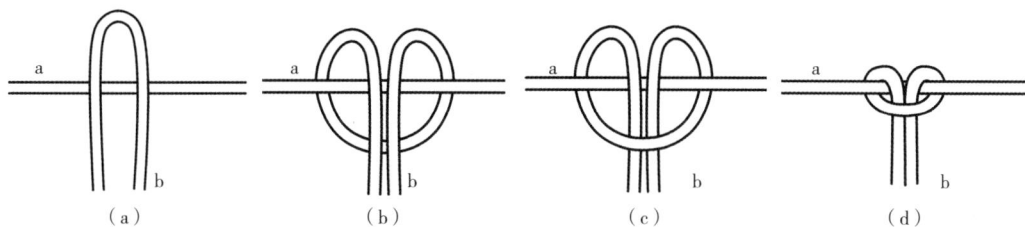

图4-124　云雀结编结流程

2. 组合使用

云雀结还可以组合使用。

（1）第一种组合方法：a绳两端固定，将两组绳分别编成云雀结，左边一组的左绳由上至下绕住右绳，右边一组的右绳由上至下绕住左绳，拉紧后整理成型，如图4-125（a）所示。

（2）第二种组合方法：a绳两端固定，将两组绳分别编成云雀结，左边一组的左绳由上至下绕住剩余的3根绳，以此类推拉紧后整理成型，如图4-125（b）所示。

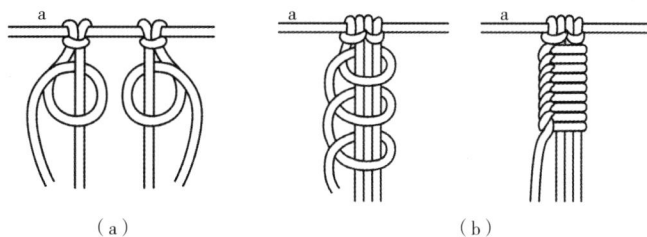

图4-125　组合使用

（九）二回盘长结

盘长为佛教八吉纹之一，盘长是象征回环贯彻，一切通明，是万物的本源。该结的结式特点为盘绕穿插，常用较硬、弹性较好的绳线编盘。盘长结通过穿心、搭耳、补线、耳翼勾连等技法处理后可演化出无穷无尽的变化。盘长结的变化结式有盘长结、锦囊结等。盘长结因结形似盘肠而得名，是中国结中最有代表性也是应用范围最广的结形之一。盘长结象征连绵不断、永恒不灭的最高境界，代表着大道的吉祥，因此受到人们极度重视。盘长结经常是许多变化结的主结，也因为中国结具有紧密对称的特性，所以在感官视觉上容易被人喜爱。二回盘长结编结流程如图4-126所示。

（1）如图4-126（a）所示，将一根长约1米的红绳对折，固定，分为左右两根绳，然后做成两个向下的套。

（2）如图4-126（b）所示，使用右边的绳，双线做挑一压一，挑一压一，固定，右边绳完成。

（3）如图4-126（c）所示，使用左边的绳，由左向右做先全上后全下，做两遍。

（4）如图4-126（d）所示，再使用左边绳由下向上做挑一，压三，挑一，压三，回来时挑二，压一，挑三，压一，挑一，出。

（5）如图4-126（e）所示，将所有的耳翼抽紧，抽到和盘长结大小相配。整理完成。

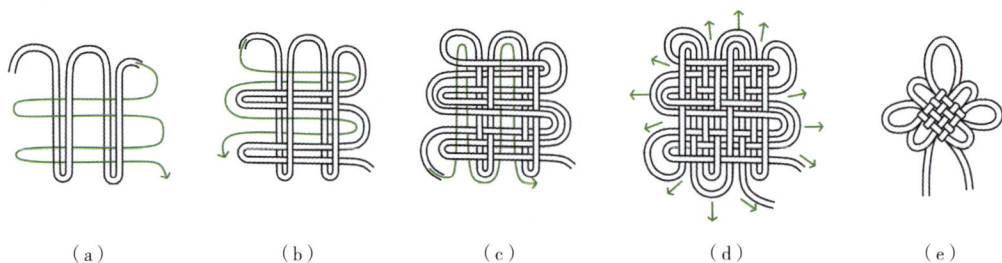

| （a） | （b） | （c） | （d） | （e） |

图4-126　二回盘长结编结流程

（十）八字结

八字结是由单根绳编织而成，常用作绳端的装饰，因表面呈现八字纹路而得名。此结的造型即可做成上小下大的水滴型，大小均可灵活调整。八字结编结流程如图4-128所示。

（1）如图4-127（a）所示，绳作逆时针绕个圈，压、挑、压后往下穿出。

（2）如图4-127（b）所示，线接着做顺时针方向挑、压穿过中心区。

（3）如图4-127（c）所示，线以逆时针方向朝下绕过另一边穿出，再顺时针同步骤2穿出。

（4）如图4-127（d）所示，顺时针四次，逆时针五次绕好后，拉紧整理、烧黏、固定。

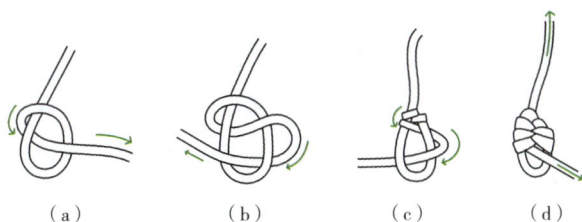

图4-127　八字结编结流程

（十一）同心结

同心结是一个古老而又赋予美好寓意的装饰结式，又称情人结。结式简单易结，形如两颗连接在一起的心，可用稍粗些的红色丝带编结。由于同心结有永结同心的意义在内，所以在婚礼上也多会出现。同心结的变化结式有三耳十字结等。三耳十字结，是由同心结展开而形成的新结式。三耳十字结的外观如十字的造型，很受人们的喜爱。编结时，先结一个松散的同心结型，再从两边将结耳抽出即可。同心结编结流程如图4-128所示。

（1）如图4-128（a）所示，一条绳对折摆放，将右边线由顺时针方向环绕一圈成套。

（2）如图4-128（b）所示，将左边线穿过右边线绕成的套。

（3）如图4-128（c）所示，将左边线按逆时针方向绕一个圈成套。

（4）如图4-128（d）所示，拉紧两端的线。

（5）如图4-128（e）所示，重复上面的做法，即可编出连续的同心结，完成。

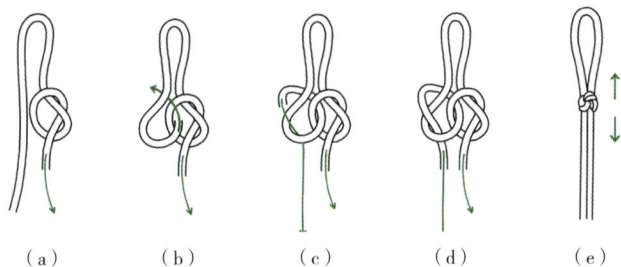

图4-128　同心结编结流程

（十二）藻井结

藻井结源于中国古代藻井图案的模式，藻井图案通常是以一个中心图案为基础，四周环绕对称、均衡，且层层包围的图案而形成一个装饰整体。藻井结正是借鉴了

这个形式，结式完整、紧凑、厚实和华丽，可以反复编结组合。藻井结编结流程如图4-129所示。

（1）如图4-129（a）所示，将线对折后右绳压左绳做结。

（2）如图4-129（b）所示，依此做两个相同的结。

（3）如图4-129（c）所示，左绳在上，右绳在下，包裹中间两条线交叉成结。

（4）如图4-129（d）所示，同步骤三交叉成结，再将两线同时穿过下方两结，注意左边绳从前面穿，右边绳从后面穿。

（5）如图4-129（e）所示，将第二个结收紧，向第一个结靠拢。将第三个结收紧，向第二个结靠拢。将第四个结收紧，向第三个结靠拢。再将左右两边绳子拉紧。把第四个结分前后翻到第一个结的上方，现将第三个结分前后也翻到第一个结的上方。翻的过程如同翻袜子。注意两次翻转均不能翻过第一个结的最上面那根线。调整，完成。

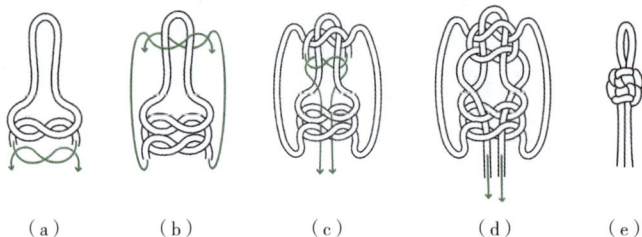

（a）　　（b）　　（c）　　（d）　　（e）

图4-129　藻井结编结流程

（十三）十字结

十字结是中国结的基本结之一，结型小，小巧简单，一般做配饰和饰坠用十字结在结饰的组合中，由于其结形编法简单、编制迅速，可当作装饰结使用。十字结编结流程如图4-130所示。

（1）如图4-130（a）所示，取一根中国结线对折，分为a线，b线。a、b线交叉，a线在上，成套1。

（2）如图4-130（b）所示，将a线从b线下方绕过去，成套2，后从b下面绕过去，成套3。

（3）如图4-130（c）所示，将b线从a线下方穿出，从套1穿出，再从套3穿入。

（4）如图4-130（d）所示，拉紧a线和b线，整理，完成。

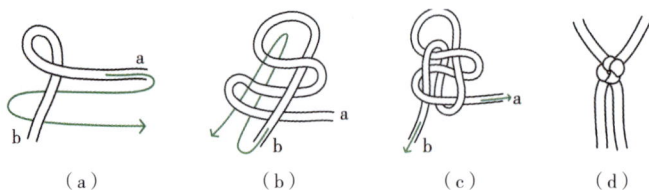

（a）　　（b）　　（c）　　（d）

图4-130　十字结编结流程

（十四）平结

平结是一个很古老的结，有平等、平和之意。平结是以一线或一物为轴，将另一线的两端绕轴穿梭而成。此结由两根绳组成，结好后呈扁平状，平结用途很广，可用来连接粗细相同的线绳，也可编制手镯，挂链等饰物。平结根据编织方向的变化结式有双向平结、单向平结。单向平结，即始终保持一个方向连续编结，这样会由于张力的作用呈现扭曲的外观，双向平结是沿左右两侧交替编织的平结，外观扁平，编结流程如图4-131所示。常说的平结就是指的双向平结，一般用于编织手链、项链、腰带、提绳等，也可搭配其他结组成大型的装饰结。单向平结的编织方法基本相同，区别在于编织时始终在轴线的左侧或右侧单向编织即可。

（1）如图4-131（a）所示，将绳双折横放轴线下面，a绳压于b绳下方，按形状放好。

（2）如图4-131（b）所示，将a绳压穿住轴线从左边环中穿入。

（3）如图4-131（c）所示，b绳由轴线下方经过放于左边，a绳压住轴右侧线圈穿出。

（4）如图4-131（d）所示，重复步骤（2）、（3），直至完成。

（5）如图4-131（e）所示，剪掉多余线头，用打火机将线头烧黏，以免脱丝。

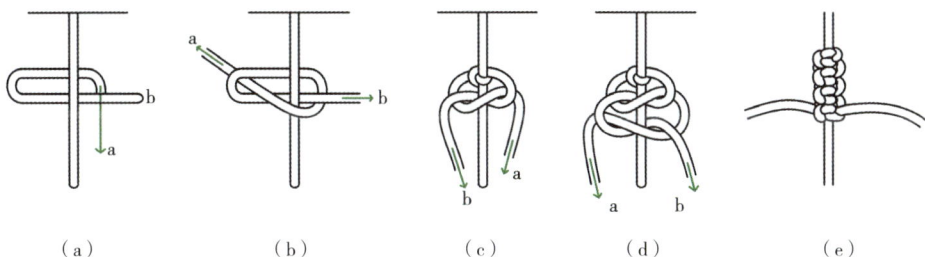

| （a） | （b） | （c） | （d） | （e） |

图4-131　平结编结流程

三、编结的工具与材料

（一）编结的工具

编结主要是靠一双巧手，简单编结不需要特殊的工具，图钉和剪刀即可。在编较复杂的结时，可以在一个纸盒上利用图钉来固定线路。一根绳要从其他的绳下穿过时，也可以利用镊子和钩针来辅助。结饰编好后，为固定结形，可用针线在关键处稍微缝几针。

编结的工具包括剪刀、钳子、弯头钳子、粗钩针、镊子、插垫、结盘、珠钉、钩钉、大头钉、小铁钉、美工刀。一般制作用的量具有软尺、卷尺、直尺。常用的连接工具有针线、打火机、强力胶、热熔胶等。

（二）材料

编结主要的材料是线绳，种类繁多，丝、棉、麻、尼龙、混纺等材料的线绳都可用来编结。根据结的种类和用途决定用线。

编结用线绳的纹路越简单越好，复杂纹路的线编好后将影响整体美感。线绳的硬度要适中，太硬则操作不便，结形也不易把握；太软则编出的结形不挺拔，轮廓不显著，棱角不突出。对于扇子、风铃等具有动感的器物下面的结子，则宜采用质地较软的线绳，使结与器物融为一体，在摇曳中具有动态的韵律美。

线绳的粗细决定于饰物的大小和质感。形大质粗的饰物，宜配粗线；雅致小巧的饰物，则宜配细线。单独的编结作品，则用线绳比较自由，不同质地的线绳，编出的结风格不同。

选线绳也要注意色彩，为古玉一类古雅物件编装饰结，线应选择较为含蓄的色调，诸如咖啡色或墨绿色；为一些形制单调、色彩深沉的物件编配装饰结时，若在结中夹配少许色调醒目的细线，如金、银或者亮红，会使整个物件栩栩如生、璀璨夺目。

注意结与饰物的搭配关系，结与饰物两者的大小、质地、颜色及形状都应该能够配合，并相辅相成，才能相得益彰。各色各类的线绳能够编出许多形态与韵致各异的结。一件结饰要讲求整体美，不仅用线要得当，结的线绳纹要平整，结形要匀称，而且需注重结固定使用的连接物或饰物搭扣等，完善饰品的功能性。

四、编结技法

编结技术是一门古老的工艺技术，几千年来，民间编织艺人继承和发展了我国编结工艺的优良传统，创造出极为丰富的工艺表现形式。编结的关键环节包括编、抽、修三个环节。

（一）编

准备好材料和工具，根据结式和配饰，将线绳穿插为"编"。如果结式设计需要配饰物作坠子，在开始编时就先把饰物穿在线的正中央，依照步骤，按部就班地去编。线路较为复杂的结式，可以借助图钉，把线绳固定在硬纸盒上慢慢编。编时一方面要注意线路走向，辨清线绳与线绳的关系，另一方面要留意线绳的纹路是否平整，尽量不要纽折。线绳与线绳之间的空间要留得宽一点，线路穿越会比较容易。编到线条太密时，可以借用粗钩针或镊子帮助线头穿越。编好以后便可以把图钉全部拿掉，开始进行抽的操作。

（二）抽

抽是在编的步骤完成之后，将结子抽紧定形的过程为"抽"。抽是整个编结过程中最重要、也最困难的步骤。如果技法得当，可以使结子挺整美观。抽时不可操之过急，先认清要抽的那几根线绳，然后同时均匀施力，慢慢抽紧，并且随时注意编结有没有发生纽折的现象。若遇线段纽折，要一边抽，一边用拇指与食指转动线段，或者借用镊子施力，使之调至平整。在抽的操作过程中，绝对不能让结的主体松散，而是先把结的主体抽紧之后，再开始调整它的耳翼、叶瓣或花瓣的长短，自结的起端开始把多余的线绳向线头的方向依次推移集中。

在这一过程中往往由于抽的方法不同，可得到不同形状的结，变化相当巧妙。这个步骤的好坏，将会直接影响到编结外观造型。因此，抽的时候要留意整个结形是否齐整、美观，每个耳翼的长短、形状是否拉至恰到好处。

（三）修

修是做结的收尾和固定。当结形调整得完全满意之后，为了使之保持完善的状态，有些容易松散之处或垂挂饰物的着力处，要选择与结同色的细线，用线缝紧。通常结的上下两头是吃力之处，得用针线固定。缝时针脚要注意隐藏。结固定之后，可以在适当的地方缝镶上颜色相配的珠子，以增华美。饰物的收尾一定要巧妙，线头的处理方法很多，打个简单的小结，可以把线头藏在结里面，也可以使用金银细线把线头缠绕起来等。

总之，结在编好、抽好之后，修的工夫不能马虎，此环节才能见出精益求精的工艺精神和精细完美的饰品效果。

功能服饰品的设计与应用

教学课题： 功能服饰品的设计与应用

教学学时： 6课时

教学方法： 任务驱动教学法

教学内容： 1. 帽子的设计与应用

2. 包袋的设计与应用

3. 鞋的设计与应用

教学目标： 1. 了解三大功能服饰品的发展历史、分类特点、与服装的搭配等。

2. 实践三大功能服饰品的设计及制作。

教学重点： 学生动手实践三大功能服饰品的设计及制作。

课前准备： 学生需提前查阅相关资料，了解功能服饰品和功能服饰品设计相关知识，搜集优秀创新应用实例，包括设计、材料、制作等。

第一节 帽子的设计与应用

帽子是一种功能服饰品，具有防护、装饰和礼仪功能，也被视为身份象征，显示了着装者的财富、地位、政治和宗教信仰。

一、帽子的发展历史

帽子的产生和演变与服装几乎是同步的，有时甚至比服装的变化更敏锐。回顾帽子历史，可以领略到古今中外帽子的风采，体会其中蕴含的文化内涵，丰富现代帽子设计的灵感。

（一）中国古代的帽

帽在中国古代属于首服，又称"头衣"，泛指一切裹首之物，包括冠、冕、巾、帻、弁、帽、幞头、面衣等形式，如图5-1～图5-7所示。帽子和服装一起形成了中国特色的帽冠礼仪，代表一定的地位与权力。

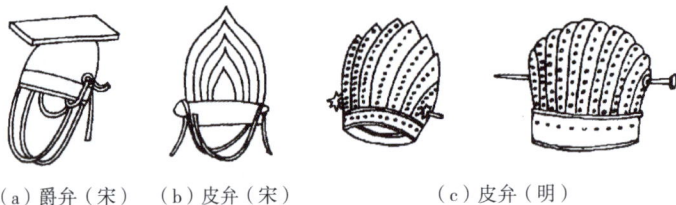

（a）爵弁（宋）　（b）皮弁（宋）　（c）皮弁（明）

图5-1 弁

（a）幞头（唐）　（b）幞头（南唐）　（c）幞头（宋）　（d）直角幞头（宋）

图5-2 幞头

（a）却敌冠（汉）（b）进贤冠（唐）（c）进贤冠（宋）（d）貂蝉冠（明）

图5-3 冠

　（a）仙桃巾（宋）　（b）东坡巾（宋）　（c）软巾（宋）　（d）诸葛巾（宋）

图5-4　巾

　（a）金石索中皇帝像之冕（汉）　　（b）冕（初唐）　　（c）冕旒（明，朱檀墓出土）

图5-5　冕

　（a）平巾帻（汉）　（b）介帻（宋）　　（c）平巾帻（宋）

图5-6　帻

　（a）新疆毡帽（汉）　（b）白纱帽（南朝）　　（c）大裁帽（宋）　　（d）乌纱帽（明）

图5-7　其他帽类

（二）西方各个时期的帽

　　帽子在西方的服饰史中，同样处于显赫地位，具有更多的象征意义。古希腊和古罗马时期，帽子是自由人的特权，奴隶没有戴帽的权利。佩戴花环装饰的桂冠代表着极大的荣耀，镶满珠宝的头饰成为贵妇们显示尊贵的工具。在埃及等国，鹰被奉为神和力量的象征，用鹰的羽毛做的头饰，被视为具有至高无上的地位。许多欧洲国家都以皇冠象征国王的权力和威信，如图5-8～图5-15所示。

（a）古埃及时期
（公元前3000—公元前525年）

（b）巴比伦以及西亚时期
（公元前3000—公元前330年）

（c）古希腊时期
（公元前8世纪—1世纪）

（d）古罗马时期
（公元前1000—公元500年）

（e）古代波斯时期
（公元前550年）

（f）拜占庭时期
（4世纪—中世纪）

图5-8　西方古代的帽

（a）哥特式时期意大利男帽
（13世纪）

（b）哥特式时期法国男帽
（15世纪）

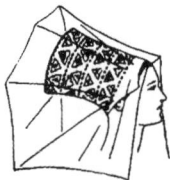

（c）哥特式时期法国女翻折罩帽
（15世纪）

（d）哥特式时期英国筒形女帽
（15世纪）

（e）哥特式时期德国男帽（上）、
女帽（下）（15世纪）

图5-9　哥特式的帽

服饰品设计与应用

（a）文艺复兴时期意大利男帽　　（b）文艺复兴时期意大利女帽　　（c）文艺复兴时期德国女帽　　（d）文艺复兴时期德国男帽
（15世纪）　　　　　　　　　（16世纪）　　　　　　（13世纪～16世纪）　　　（13世纪～16世纪）

（e）文艺复兴时期法国女帽　　（f）文艺复兴时期法国男帽　　（g）文艺复兴时期英国女帽　　（h）文艺复兴时期英国男帽
（15世纪末～16世纪初）　　　（16世纪中期）　　　　　　（16世纪中期）　　　　　（16世纪末）

图5-10　文艺复兴时期的帽

（a）巴洛克时期男帽　　　　　（b）巴洛克时期女帽　　　　　（c）巴洛克时期男三角帽
（17世纪初）　　　　　　　　（1640年）　　　　　　　　　（1695年）

图5-11　巴洛克时期的帽

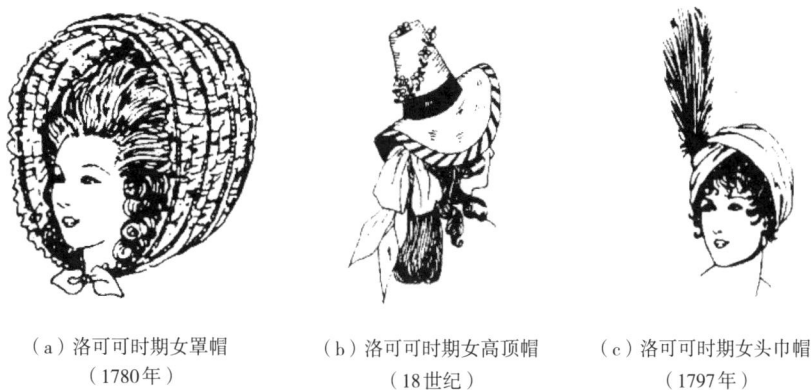

（a）洛可可时期女罩帽　　　　（b）洛可可时期女高顶帽　　　（c）洛可可时期女头巾帽
（1780年）　　　　　　　　　（18世纪）　　　　　　　　　（1797年）

图5-12　洛可可时期的帽

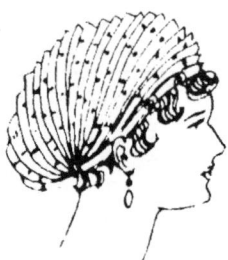

（a）19世纪头巾女帽（1803年）　　（b）19世纪宽檐罩帽（1820年）　　　　　　　（c）19世纪女帽

（d）19世纪男平顶大礼帽（1840年）　（e）19世纪男圆顶帽（1879年）　（f）19世纪末狩猎男帽　（g）19世纪末男游艇帽

图5-13　19世纪的帽

（a）20世纪初期钟形女帽　　　　（b）20世纪僧侣女帽（1930年）　　（c）20世纪翻边水兵女帽（1937年）

（d）20世纪装饰女帽（1940年）　（e）20世纪贝雷女帽（1947年）　（f）20世纪盂钵女帽（1956年）

图5-14　20世纪女帽

图5-15　20世纪男帽

无论在款式、色彩、面料、装饰物等方面，还是在佩戴方式、场合等方面，西方各个时期的帽子都表现出丰富多彩的特点，对现代帽子设计具有很好的启示。

二、帽子的分类及特点

（一）帽子的分类

帽子的种类繁多，根据不同的标准，可以分为以下几类：

（1）根据功能分为：安全帽、运动帽、风帽、泳帽、遮阳帽、礼帽等。

（2）根据材料分为：布帽、呢帽、草帽、毡帽、皮帽、尼龙帽、钢盔等。

（3）根据季节分为：凉帽、暖帽、风雪帽等。

（4）根据性别和年龄分为：男帽、女帽、童帽等。

（5）根据形态分为：大檐帽、瓜皮帽、鸭舌帽、虎头帽、钟形帽、罐罐帽等。

（6）根据特征外来音译名分为：贝雷帽（Beret）、布列塔尼帽（Breton）、巴拿马草帽（Panama）、哥萨克帽（Cossack）等。

（二）帽子的经典款式

1. 经典款式男帽

（1）高顶礼帽（Top Hat）：一种帽顶高而直的男用礼帽。帽檐窄而硬，它通常与较正式的服装相配，显得庄重而又气派，如图5-16所示。

（2）圆顶礼帽（Bowler Hat）：一种帽顶呈圆形的男礼帽。其帽边向上翻卷，帽檐的两侧及后面弯曲度较大，前檐则趋于平坦。圆顶礼帽习惯上作为骑装服饰的组成部分，如图5-17所示。

（3）硬草帽（Boater）：一种平帽顶、直帽檐的男式草帽，又叫船夫帽。帽座底边常嵌有黑色丝缎织带，帽子具有一定的硬度和较好的韧性，如图5-18所示。

（4）鸭舌帽（Casquette）：一种帽檐似鸭舌形状的轻便帽。它保留了正面能够遮阳的部分，具有很好的实用性。过去只为男用，现在男女使用很普遍，如图5-19所示。

图5-16　高顶礼帽　　　图5-17　圆顶礼帽　　　图5-18　硬草帽　　　图5-19　鸭舌帽

（5）盔形帽（Helmet）：盔形帽是一种能遮盖整个头部、面部，有的还包括颈部的

保护性帽。这种盔形帽的前部常采用透明材料制作，其余部分则选用质地坚硬的金属、厚皮革、胶木等材料制成，常作为消防员、摩托车手、飞行员、海下作业人员等的安全防护性头盔使用，如图5-20所示。

2. 经典款式女帽

（1）钟形帽（Cloche）：因帽身较深、帽檐下倾、形状如金钟而得名。这种帽子在正式场合和日常生活中都能使用，如图5-21所示。

（2）豆蔻帽（Toque）：源自土耳其的花钵帽，又叫无檐女帽。此种帽子无帽檐，呈圆筒状，帽顶平，如图5-22所示。

（3）药盒帽（Pimo）：帽身平而浅，帽围小于头围，无帽檐，形状像药盒。帽上经常加入陆花、纱网、羽毛等装饰物，具有很强的装饰性，适于在社交礼仪场合中使用，如图5-23所示。

图5-20　盔形帽　　图5-21　钟形帽　　图5-22　豆蔻帽　　图5-23　药盒帽

（4）发箍式半帽（Hair Band）：头上的发饰品，宽可称为半帽，窄可称为发箍。根据不同服装，可以变换装饰上的花结饰物。装饰华丽贵重时，可与礼服相配；装饰简洁随意时，可与日常便装、休闲装相配，如图5-24所示。

（5）罐罐帽（Canotie）：一种轻便礼帽，其帽身较浅，帽墙垂直于帽檐，因帽身似罐形而得名。此种帽子一般为正式场合使用，如图5-25所示。

（6）贝雷帽（Beret）：一种帽顶呈圆形，无帽檐的扁平形帽。这种帽子通常用呢绒材料制成，帽体较柔软，佩戴时可向一侧倾斜，适用范围非常广泛，不分年龄、性别、季节和地区。贝雷帽还被用作部队或警察的制服帽，如图5-26所示。

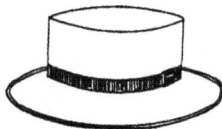

图5-24　发箍式半帽　　图5-25　罐罐帽　　图5-26　贝雷帽

（7）翻折帽（Breton）：一种帽檐可翻折的帽子，又叫布列塔尼女帽。其中有前翻帽，即帽檐前部向上翻折；后翻帽，即帽檐后部向上翻折；双翻帽，即帽檐的两端向上翻卷；全翻帽，即帽檐全部向上翻折。翻折帽是一类便帽，适合与日常着装相配，如图5-27所示。

（8）宽边女帽（Capeline）：一种帽檐较宽的帽。帽檐上可以有丰富的装饰物，如人造花、纱、花结等，如图5-28所示。

图5-27　翻折帽

图5-28　宽边女帽

（9）罩帽（Bonnet）：将头的顶部与后部全部包住的一种帽型，分为有檐和无檐两种形式。罩帽是女帽中最能够体现女性美感的帽式之一，但现在的女性很少戴这种帽子，大多用于儿童帽中，如图5-29所示。

（10）头巾式无檐帽（Turban）：一种源于伊斯兰教长盛巾的帽。头巾式无檐帽经缠后，可以在前部中央用带子扎住，系成花结效果。由于缠绕的形式自由，头巾式无檐帽可以塑造出不同的女性美感，如图5-30所示。

（11）兜帽（Hood）：又称连颈帽，是一种适合于男女使用的头兜状风帽，一般能遮盖头部和颈部。兜帽主要有两种形式，一种是独立的兜帽，另一种是与衣服相连，常与日常生活中的运动服、休闲服或风衣、大衣等连于一体，成为连帽上衣。兜帽通过系带或用扣子来调整帽的松紧。兜帽不用时，可拆下或垂于背后，如图5-31所示。

（12）斗笠（Bamboo hat）：一种帽顶尖、帽底宽的倒锥型帽。斗笠形似金字塔，帽顶较深，帽内附有带状支撑或环形帽座。斗笠通常由竹料或天然草芥编制而成，结实耐用、透气性好，是我国及东南亚部分地区妇女和农民常用的一种便帽，如图5-32所示。

图5-29　罩帽　　　图5-30　头巾式无檐帽　　　图5-31　兜帽　　　图5-32　斗笠

随着时代的发展，这些经典的男、女帽之间已打破了原有的藩篱，许多男帽中借鉴了女帽的特点来装饰，而女帽也常常用男帽的造型来增添阳刚之感。

三、帽子与服装的搭配

（一）帽子与服装的搭配

随着服装款式和穿着礼仪的日趋自由和随意，帽子除了遮阳和御寒等功能外也具

有时尚性，与服装共同演绎潮流，赋予服装新的面貌，为穿着者增添风采。一套普通的装束，因为帽子的加入可以改变服装的效果，使其变得或华贵、或张扬、或艳丽。帽子与服装搭配时，要将两者作为一个整体考虑，才能获得相得益彰的效果。一般以服装的特点为依据，将帽子与服装的风格、造型、色彩、材料等因素相协调，以达到衣帽的统一。

（二）帽子与服装风格的协调

帽子和服装日趋多元化。不同的帽子，会产生不同的视觉感受。服装因为帽子的加入，可以更好地展示不同风格。此时的帽子就会成为服饰风格中最抢眼的部分。

（三）帽子与服装造型的协调

帽子的选择应随着服装款式的变化而改变。当服装夸张时，帽子造型应比较奇特；当服装修长、细窄时，帽子的造型应比较精巧；而当服装造型简练时，帽子的线条应当简洁、明朗。

（四）帽子与服装色彩的协调

帽子与服装的配色讲究整体性和协调性。一般可采用同类色相配，指帽子与服装以相同或相近的色相、明度或纯度的色彩搭配，在视觉上容易形成统一、协调的感觉，但也易产生单调、呆板的感觉。也可采用同花色相配，指帽饰的颜色选择服装花色中的某一个色彩，则会使帽子与服装整体感强，风格较活泼。还要注意色彩的对比，对于一些前卫、个性、夸张的服装，为了强化服装的视觉冲击力，可以将帽子与服装的色彩进行强对比，以服装色彩中的某一对比色彩作为帽子的颜色，而在服装的柔和效果中，也可用对比色，但宜将色彩的明度、纯度反差缩小，以形成弱对比。

（五）帽子与服装材料的搭配

如果帽子与服装的材料搭配合理，可以增强服装与帽子的整体效果。帽子与服装材料的搭配一般有以下几种情况。

1. 同质材料的搭配

帽子与服装之间用相同质感的材料搭配，容易形成协调感和整体感。这样将服装的效果延伸到头部，增强服装的整体感，但变化性较小。

2. 同种风格材料的搭配

有许多不同的材料可以产生相同或相似的视觉感受。如牛仔布与草、麻等材料都具有粗犷、自然的特质，因而可以将牛仔服与草帽或麻帽搭配，保持整体着装风格的一致性。

3. 对比材料的搭配

有些创意设计，还用反差强烈的材料来增强服饰的对比效果及视觉冲击力。

（六）帽子与着装场合的协调

不同的场合应该穿戴不同的服装，人们应该根据环境决定服饰穿着。不同场合对帽子的需求不同，有时需要其具有特定的功能，有时需要其具有一定的装饰性。如特殊的工作环境，人们必须佩戴安全防护性的帽子；而狂欢节、化装舞会、赛马会等户外娱乐性集会则偏重帽子的装饰性。根据着装的场合，可以将帽子的装饰性和实用性有机结合起来。如外出旅游，可以带色彩鲜艳、活泼随意的太阳帽、运动帽；工作场合可以佩戴与服装色彩协调、造型简洁的贝雷帽、小檐帽。

四、帽子的设计与应用

（一）帽子款式设计

帽子款式设计可分为帽顶设计、帽檐设计、帽身设计、装饰设计。帽顶有平顶、圆顶、锥形以及尖角之分，帽檐有宽窄、曲直、上翘和下耷等不同变化。

帽顶、帽檐、帽身的变形幅度非常大，使用不同材料，不同制作工艺，可以实现各种变化。帽子上的装饰品也是重要的设计元素，是帽子塑型的重要手段。装饰可以增加帽子的设计感，调整帽子和服装的整体风格。

（二）帽子材料设计

帽子材料范围广，常用材料有毛毡、纺织面料、皮革、草、毛线等。不同材质产生的效果各异。随着人们对帽子款式的个性需求，对材料的要求也相应增强。设计师要适时推陈出新。设计师可以通过新技术对材料进行创新设计和应用，或运用不同材料、工艺组合交叠，获得新的视觉效果。

（三）帽子色彩设计

色彩是设计的第一要素。要处理好帽子色彩、服装色彩与人体肤色三者之间的搭配关系。色彩设计可分为实用色彩设计和夸张色彩设计。帽子色彩设计要重视消费者的感受，把握实用性和舒适感。要从服装的整体出发，考虑环境色彩的整体氛围来进行设计。夸张的色彩设计具有戏剧感和夸张感。这类设计并非常规的帽子色彩设计，而是融入了反叛的理念，表现为与众不同的色彩设计效果，风趣俏皮，以突出头顶上的这一抹亮点。

（四）帽子结构设计

帽子款式造型设计以头部为基本型，其核心目的是保护和美化佩戴者的面部和头部。这一目的是通过结构设计和工艺制作来实现的。帽子款式造型与功能和头型紧密相连。帽子的款式要与头型相吻合。人的头型近似于球形，所以帽子结构设计都是围绕头顶这个半球形来进行的。

1. 帽子基本结构

帽子按造型可分为直筒帽和分瓣帽两大类。

（1）直筒帽结构。这种帽型一般以遮阳防护为主，常见的有男女礼帽、太阳帽等，结构分为帽顶、帽墙和帽檐，其变化常见于帽檐的宽窄及帽檐与帽身的倾斜角度不同，还有帽墙的装饰设计。帽檐的宽窄设计与帽檐与视平线的倾斜角度有关，倾斜角度越大，其帽檐越窄；反之倾斜角度越小，其帽檐才可以放大，要以人正常平视状态下不影响视线为准。

（2）分瓣帽结构。分瓣帽就是常见的运动帽和瓜皮帽等，其帽身都采用分瓣结构，根据需求可分为四瓣、五瓣、六瓣、八瓣等。进行结构设计时，首先将头顶理解为一个360°整圆，根据分瓣的片数对圆进行分割，分瓣的数量越多帽顶越光顺，帽身也越饱满、圆润。

（3）八瓣帽制作实例。八瓣帽是由八片帽体组成，外观呈八角形。帽顶部可以有粒本色包扣，帽口是紧合头部的帽檐。八瓣帽一般可选用柔软的呢绒面料、皮革等制作，如图5-33（a）所示。

①材料准备：面料45cm×70cm，衬布45cm×70cm，同面料制成布绳（5cm×1cm），黏合衬45cm，硬质缎带60cm×2cm。

②结构图如图5-33（b）所示。每一片帽体均采用斜料，帽口放缝2cm，周围放缝0.7cm，如图5-33（c）所示。

③缝制工艺如下：

A.将八片帽体各粘上相应的黏合衬，如图5-33（d）所示。

B.取两片帽体正面相对，沿着净缝线缝合，如图5-33（e）所示。

C.然后分别与另外两片相缝合，帽尖处尽量缝到净缝线的顶点，并将缝份劈烫开，如图5-33（f）所示。

D.接着把两片由四小片缝合成的半顶面相正面相对，沿着净缝线缝合，并将缝份劈开熨烫，如图5-33（g）所示。

E.正面翻转，在正面沿着拼缝线距离0.2cm缉明线，如图5-33（h）所示。

F.按以上方法步骤，将帽里缝合，且不用缉明线。最后参照贝雷帽的缝制步骤E、F，将帽里、缎带缝上，如图5-33（i）所示。

G.在缝制完成后的八瓣帽顶上，缝上一段用同面料制作的布绳，既实用又美观，如图5-33（j）所示。

（a）

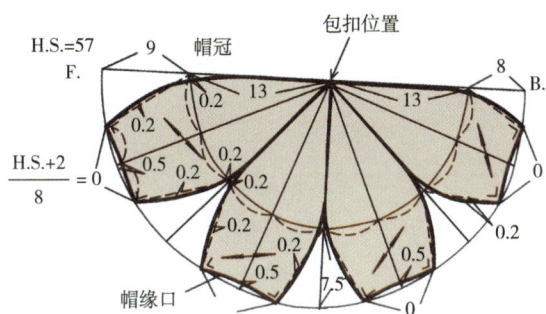

（b）

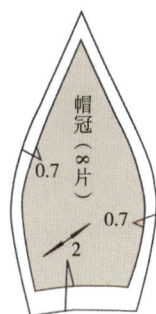

（c）

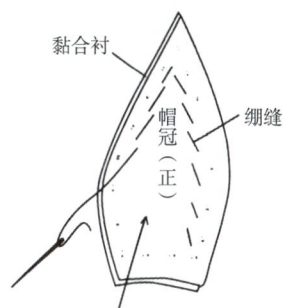

（d）

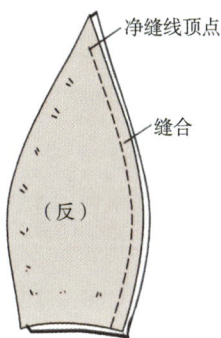

（e）

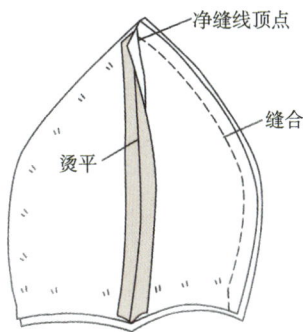

（f）

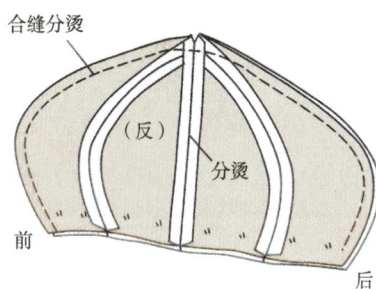

（g）

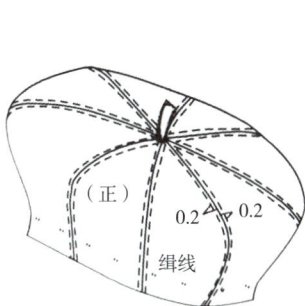

（h）

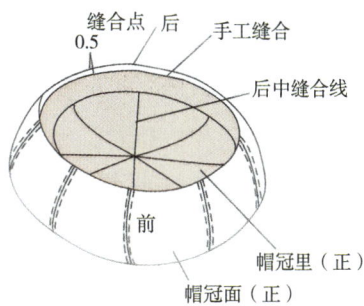

（i）

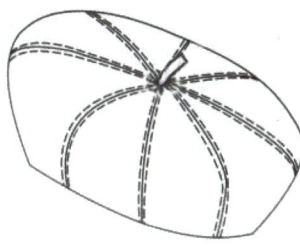

（j）

图5-33 八瓣帽制作实例

第二节　包袋的设计与应用

一、包袋的发展历史

包袋是人们外出随身携带的必需品，体积不大，以软性材料为主。包袋的发展和变迁不仅与服装的变化相关，还与科学技术、人们的生活方式变迁相关。

（一）中国包袋的演变

中国历史上对包袋有几种不同的称谓，包括包、背袋、佩囊、包裹、兜、褡裢、荷包等，一般因佩戴方式、盛放物品不同而有不同称谓。佩囊是中国包袋史上最早的一种形式。佩囊也称荷囊，它是随身佩带用来盛放零星细物的小型口袋。古人衣服上没有口袋，一些必须随身携带之物多半贮放在这种囊内，外出时则佩戴于腰间，所以称为佩囊。早在商周之时，民间就开始佩戴。

春秋战国时期以皮革制成的佩囊，被称为鞶囊（图5-34）。用布帛材料制成的佩囊在商周以后，男女皆可使用佩戴贮放物品及零星细物。佩囊因佩戴者地位差异、盛放的物品差异、朝代不同对其称呼的也不同。汉代称佩囊为滕囊（图5-35）、绶囊、傍囊、笏囊、笏袋、紫荷、薰囊（图5-36）、书囊、书袋。唐代称佩囊为鱼袋（图5-37），用于盛放鱼符。鱼符是中央政府和地方官吏之间联络的凭信。唐代妇女也佩戴鞶囊，也称佩囊为香囊、香袋，用于盛放香料（图5-38）。称佩囊为算袋，用于盛放文具。宋代废除鱼符，但仍用鱼袋。称佩囊为招文袋，用于盛放文具。元代以后，佩囊又被称为荷包、皮囊（图5-39），也称佩囊为褡裢（图5-40），用于盛放钱币。清代盛放物品的各种专用佩囊比较流行，多为男性使用。盛放眼镜、盛放挂表、盛放折扇的包袋多以织物制成（图5-41）。清代荷包比较重视装饰价值，并不能盛放多少东西，有的则干脆将袋口缝住，这也是清代荷包有别于传统佩囊之处，这个时期的荷包款式也非常丰富。辛亥革命后，服饰的形制改变，西方服饰文化传入了中国，国内掀

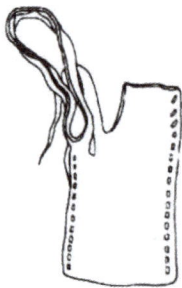

图5-34　春秋战国鞶囊　　图5-35　汉代滕囊　　图5-36　汉代绣绮薰囊、罗绮薰囊

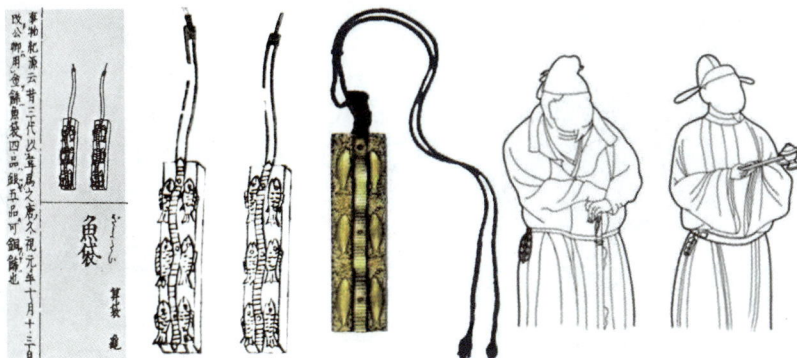

图5-37 唐代鱼袋

图5-38 唐代妇女鞶囊　　　图5-39 元代皮囊　　　图5-40 元代褡裢　　　图5-41 清代扇囊

起了服装改革的浪潮，西式包袋也随西式服装传入中国，这种配饰文化促使中式包袋也发生了变化，带动中国包袋产业发展和变革。改革开放以后，包袋在服饰中属配饰品，人们的生活水平不断提高，对包袋产品的要求也随之升高。

（二）西方包袋的演变

西方早期的包袋只是将布巾的几个角对捆在一起，形成一个口袋，以便收集东西。后来妇女们用丝线编织包袋，并用刺绣、珠宝、丝带进行装饰挂在腰间与裙子搭配。19世纪中叶手袋（Handbag）的术语开始采用，但一般指的是用比较结实的皮革，以金属或木制框架制作的皮袋。它们是由做马鞍的皮革工人所制成的，这些皮袋做工十分精细，体积较小，而且经常随身携带，被称作手袋，以便于和行李中其他大的箱包区别。

20世纪初期，各种颜色、质地的皮手袋在市场出现。随着手袋更广泛地使用，Handbag一词渐渐用来指各种各样的袋子，包括钱包、钱袋、手袋等，手袋变成包袋。包袋越来越成为人们生活中不可缺少的一部分。20世纪中期，第二次世界大战后经济复苏，从实用主义角度出发的包袋设计已不能满足人们的需要，各种现代材料出现并被制成了形状各异的包袋。20世纪末，包袋已成为文化、地位、身份的象征。西方包袋如图5-42所示。妇女们的生活、职业的多元化使她们对包袋的要求越来越高，加上各种新材料的运用，使包袋品种更加多种多样。

第五章　功能服饰品的设计与应用

117

（a）14世纪女士刺绣腰包　（b）15世纪男士小荷包　（c）15世纪女士手提小布包

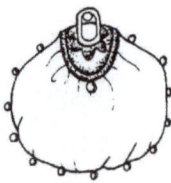

（d）17世纪香料袋　　　　（e）18世纪刺绣绢制腰袋　　　（h）第二次世界大战时期女包

（f）18世纪花卉刺绣梭结　　　（g）19世纪晚期包包（法国）　　（i）1955chanel双层翻盖
花边塔夫绸手袋（法国）　　　　　　　　　　　　　　　　　可闭合方形包

图5-42　西方包袋种类

二、包袋的种类与特点

（一）包袋的种类

包袋的种类繁多分类方法也是多种多样，如图5-43所示。

（1）根据用途可分为：公文包、电脑包、学生书包、旅游包、化妆包、摄影包、钱包等。

（2）根据材料可分为：皮包、尼龙包、布包、塑料包、草编包等。

（3）根据外观形状可分为：筒形包、小方包、三角包、罐罐包等。

（4）根据装饰和制作方法可分为：拼缀包、镶皮包、珠饰包、编结包、压花包、雕花包等。

（5）根据使用人年龄和性别可分为：绅士包、坤包、淑女包、祖母提袋、儿童包等。

公文包　　　　　　化妆包　　　　　　钱包　　　　　　　挎包

双肩包　　　　　　旅行箱包　　　　　单肩挎包　　　　　手拎挎包

腰包　　　　　　　沙滩包　　　　　　旅行包　　　　　　单肩包

图5-43　各类包袋

（二）男士包袋及特点

随着包袋使用越来越普遍，男士包袋从单一皮革质地发展到混合质地，不同年龄、职业、场合佩戴不同的包袋，以与着装相协调。男士的包袋有背包、手提包、工具包等几大类，可以细分为单肩包、双肩包、手提包、挎包、公文包、电脑包、拉杆皮箱、腰包等。男士包袋中的单肩包、双肩包、沙滩包、拉杆皮箱和腰包等具有中性包袋的性质。男士包袋款式上有方、圆、扁等造型；材质上有硬壳和软体之分。

（三）女士包袋及特点

女士包袋的种类非常丰富，按年龄段可分为幼童段、少年段、青年段、中年段、老年段。幼童段的女孩子年龄在学龄前至8岁，性格活泼可爱、天真烂漫，喜欢小动物，日常活动需要大人的陪伴，所以其包袋造型可以和卡通人物、流行影视剧形象、动物形象联系起来。色彩以高纯度、高明度的色彩为主。少年段的女孩在9~15岁，性格活泼好动，充满幻想，有模仿大人动作和表情的倾向，其包袋的造型可以和流行的造型、热播的影视剧、可爱的动物形象联系起来。包袋的色彩以高纯度、高明度的色彩为主。青年段的女包袋无论从款式还是色彩上，变化都是最为丰富的，追求前卫、

紧跟时尚，个性且与众不同的包袋适合这个年龄段的女性。中年女性更注重品牌、造价、身份的彰显，所以这时的女性包袋不仅款式多，而且质地优良，价位较高，色彩优雅高贵。老年女性对包袋的需求量相对减少，其款式和色彩均较为经典。女士包袋种类包括斜挎包、双肩包、手提包、钱包、手包、化妆包等。

如图5-44所示为知名品牌女包。

（a）路易威登（LOUIS VUITTON）包（法国）　　　（b）香奈尔（CHANEL）包（法国）

图5-44　知名品牌女包

三、包袋与服装的搭配

包袋在整个服装搭配中充当一个局部的角色，起衬托和点缀作用。设计时一定要协调好与服装整体之间的关系。包袋同其他服饰品一样，在搭配风格上须与服装风格一致。包袋与服装在款式造型、图案色彩、面料材质上都要相互呼应，体现整体设计思路。包袋与服装的协调和统一体现在以下三个方面。

（一）造型呼应

服装造型是包袋设计的前提和依据，而服装造型需根据人物自身风格与穿着场合来确定。生活中人们通常是选择与服装整体风格一致的包袋。

包袋的选择要注意以下几点。

1. 根据人的体貌特征确定包袋风格

人的体貌特征主要由五官、身材和性格所决定。五官和身材线条柔和、性格柔美的为女性风格；反之为男性风格，介于两者之间的为中性风格。女性风格的人，穿着娇媚柔和、饰有流苏花边的时髦服装，搭配女性化的曲线服饰，如花朵造型的包袋或珠绣小手袋，能给人典型的小家碧玉的形象。男性风格的人穿着中性色调、中性款式的西服套装，搭配直线造型的服饰，如帅气、利落的包袋，能显出干练的白领气质。中性化的人可介于这两者之间选择，如选用色彩跳跃的运动装、动感十足的双肩包，显得青春焕发、活力四射。

2. 要根据人所处环境和场合选择包袋

包袋的选择要考虑到不同场所中人们着装的需求与爱好以及一定场合中礼仪和习

俗的要求。例如，身着较为考究的晚礼服参加晚宴盛会，则要求包袋精美别致、珍贵高雅、做工精湛，如此才显得仪态大方、气质不凡。便装较为简洁大方，与之相配的包袋设计也要随便和自然。穿着职业装时，要根据本职工作的具体条件选择包袋，一般要适度大方，以显出职业女性的热情、干练、精明、庄重。外出旅游观光的女性则应选择简练利落、携带安全且比较便利的包袋。

3. 包袋造型要与服装相匹配

包袋的设计在符合人物自身的着装风格与所处的环境后，还可以在造型上利用微妙的对比手法使服装在包袋的衬托下更具魅力。例如，当服装的外轮廓以弧线为主时，包袋可以选择两种造型，一种是与服装的线条相一致，其造型以曲线为主；另一种是与服装的弧线成对比，造型上多用直线。

（二）色彩协调

色彩的视觉冲击力最强，是影响整体形象的最大元素。包袋的色彩在整体服饰色彩效果中起着画龙点睛的作用。在服装色彩单调和沉稳时，可以用鲜艳多彩的包袋色彩来点缀，使之活跃富有变化；在服装色彩华美和强烈时，可以用单纯含蓄的包袋色彩来调节，使之缓和且具均衡感。包袋的颜色应与服饰的颜色紧密搭配，在协调中寻求变化。一般情况下，包袋色彩与服装的搭配方法，有以下几种。

1. 统一法

统一法是将服装与包袋统一在一种色调中。整体考虑服饰与包袋组合后的色彩统一性，会产生整体美。

2. 衬托法

在色彩设计中，为了达到主题突出、宾主分明、层次丰富的艺术效果，可以采用衬托法。如服装为单色，包袋则可以是有色纹饰；服装绚丽多彩，包袋则可以是黑色或白色；在素净的冷色调服装中，用暖色调的包袋，可使色彩显得高雅而有生气。这种衬托运用，会在艳丽、繁复与素雅、单纯的对比组合之中显示出秩序与节奏，从而起到美化着装形象的作用。

3. 呼应法

呼应法是色彩整体设计中能起到较好艺术效果的一种方法。任何色彩在整体着装设计上最好不要孤立出现，需要有同种色块或同类色块与其呼应。例如，发结为正红色，包袋也可选用此色；腰带确定为明黄色，包袋和鞋也可以用明黄色，各方面在呼应后才得以紧密结合成统一的整体。

4. 协调法

在色彩的对比与和谐关系上，色彩与色彩之间的缓冲过渡与衔接非常重要。如果上衣是橘色，裤子是藏蓝色牛仔，就有视觉冲突感；但如果配以白色的沙滩包，就会

使强烈的冷暖对比协调起来。总体来讲，在服装与包袋的色彩搭配中要符合整体效果的需要，而这种效果又与人们的性格、气质、生活习惯、爱好和情趣有着密切的关系。

（三）材质和谐

1. 不同材质肌理体现不同的包装风格

材质是体现造型的物质基础，材质不同，其表面肌理、手感和光泽都不同，做出来的包袋风格也不同。例如，包袋采用野性而又奢华的蛇皮纹理，能够让携带者显得高贵出众；前卫和酷感的包袋则大量采用铆钉、拉链、链条、锁扣等金属装饰物，有的行军感强烈，有的摇滚味十足；塑胶包袋则使女性富有新鲜而精彩的时尚感觉，清爽透亮、手感亲切；编织的包袋就如帽子和围巾一样，能给人以温暖亲切的感觉，适合秋冬季节使用。

2. 包袋与服装搭配要符合审美情趣

包袋的使用材料比服装更为广泛，在包袋的设计中合理地运用材质，尤其是质感对比，十分必要。包袋与服装的搭配可根据不同需求心理、审美情趣做相应的变化。例如，当服装的面料较为细腻时，可选择质感粗犷而奔放的包袋，也可选择质感硬挺的包袋；当服装面料较为厚重且凹凸不平时，则可选择一些肌理光润柔滑的手袋，与服装面料形成鲜明对比。总之，从服饰的整体材质效果来看，两者之间既可相互对比也可相互补充，既可互相衬托又可相互协调，在搭配变化中产生出一种特有的视觉美感。

由此可见，包袋设计无论造型、色彩，还是肌理材料，都是在表现服饰的个性和特征，也只有这样才能真正传达出服饰的内涵。总之，一个无可挑剔的包袋，应既与整体风格相配，又具有独特的个性。

四、包袋的设计与制作工艺

（一）包袋款式设计

包袋款式设计首先要明确使用场合、功能、使用者等因素，设计因素不同款式自然不同。例如，宴会包是一种正式场合使用的高档包袋，这种包袋的装饰性很强，造型别致，材质高贵；外形有长方形、筒形、椭圆形、圆形等；常辅以表面装饰物如珍珠、云母片、金属片、刺绣、人造花等。公文包是上班使用的包袋，造型多为直线型，没有太多装饰，简洁、大方、实用。学生背包与双肩背包的造型大体相同，面料结实、轻便、容量大，款式造型简洁、实用。包袋款式设计如图5-45～图5-47所示。

图5-45　斜挎包（作者：魏然）

图5-46　腰包（作者：邢澜）

图5-47　手拎包（作者：杨欣茹）

（二）包袋材料设计

包袋材料非常丰富，不同材质制作的包具有不同质感和视觉效果。真皮和皮革是包袋中运用较多的材质，其中硬皮和软皮的款式设计也不同。布质包袋质朴自然，为很多年轻人所青睐。编结包袋运用的材质非常丰富，有玉米皮、麦秸秆、纸绳、玻璃丝、塑料绳、纤维绳等。多种材料结合使用也是包袋设计制作常用的方法。材料不同会影响包袋的造型和最终效果。塑料材质做出的包袋，外观时尚亮丽，为很多年轻女士所喜欢；而真皮做出的包袋高档、结实、耐用，是很多成熟女士的首选材质。

（三）包袋色彩设计

色彩设计对于包袋设计非常重要，恰当的色彩能引起人们的购买欲望。掌握色彩的调和与对比规律，是进行包袋色彩设计必备的技能。包袋的色彩可以根据当季流行色来确定，包袋的常用色调有灰色调、中性色调、强对比色调。同一色调的包袋可以在一个色系中进行明暗的对比处理，以大面积的暗色来对比小面积的亮色，或者以大面积的亮色来对比小面积的暗色。对比色调的包袋可以是互补色。对比色运用产生强对比，邻近色运用产生弱对比。

（四）包袋结构设计

包袋的结构通常由包盖、包面、包底和里面的贴袋组成。在设计时要注意这几部分的形状和大小。形状的变化决定了包袋的外部造型，大小的变化决定了包袋的尺寸、外观是否美观。外形规则的包袋结构变化也比较规则；而外形无规则的包袋结构变化要随外形的变化，更紧贴时尚创意。

（五）包袋制作工艺

1. 包袋的制作工具

包袋的制作工具主要有剪刀、尺子、锥子、锤子、缝纫机、手缝针、钳子、打孔器等，如图5-48所示。其中锤子可以用来制作皮革包，皮革的缝份不能像布料那样用熨斗熨烫，但可以采用锤子捶打的方法来处理。在制作过程中，缝纫机用圆机器和工业用缝纫机。圆机器主要用来缝合弯曲及圆形的部位，或者在这些部位压明线。不能手缝的部位也可用圆机器来实现。钳子可以让金属类的部件造型达到设计效果。打孔器用于在包袋上打孔。

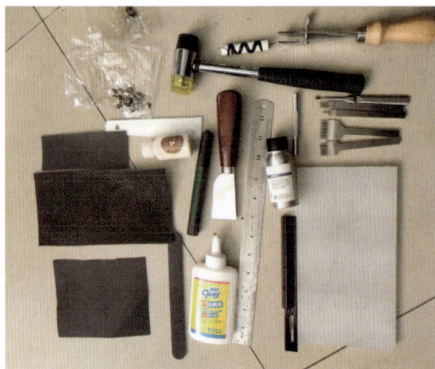

图5-48　制作工具

2. 包袋打板

包袋打板分为三大部分：面料板、里料板和衬料板。面料板包括前面、后面、包盖、包墙、包底、包带、贴边和滚边用料的板型。里料板包括里子布，即前面、后面、包墙、贴袋、包袋和包盖等里料的板型。衬料板包括包盖心、包盖前面部分的两层心、手提带、背带以及包口衬板型，衬料板无须缝头，可为净样板。

五、包袋制作样板实例

图5-49为手提包制作样板实例，图5-50为腰包制作样板实例。

单位：cm

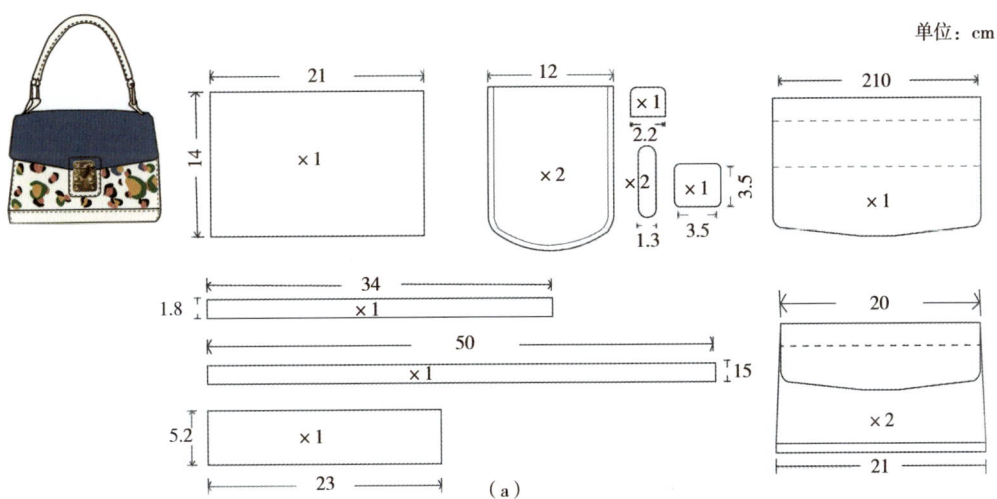

（a）

单位：cm

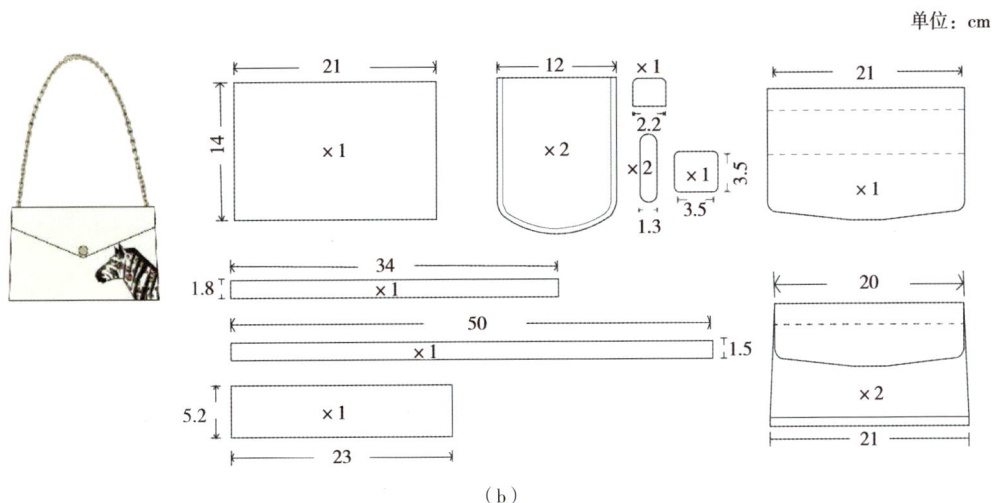

（b）

图5-49 女士手提包制作（作者：杨欣茹）

单位：cm

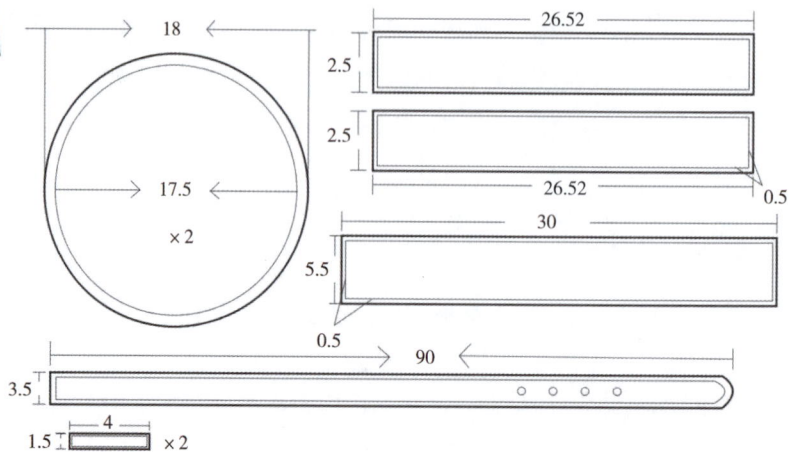

图5-50　女士腰包制作（作者：邢澜）

第三节　鞋的设计与应用

一、鞋的发展历史

鞋是人类服饰中的重要组成部分，在服装和服饰品中具有举足轻重的地位。

（一）中国古代的鞋

鞋，在中国古代泛称为足衣，其具体称谓有舄、屦、履、木屐、靴、旗鞋、腊等。古代的鞋一般鞋头上翘具有造型，特别是唐代，鞋头的造型很多，有笏头、圆头、方头、歧头、勾头、丛头、小头、云头、虎头、凤头等（图5-51），到明代时，鞋头造型消失，出现了类似现在男式平底布鞋式样的鞋。

图5-51　虎头鞋、凤头鞋

舄，是古代最高贵的一种鞋，一般用于祭祀和朝会，如图5-52（a）所示。舄是双底，木制或注蜡，以防潮湿。周代皇帝之舄为白、黑、赤三种颜色。

屦，是一种用麻、葛或苇制成的单底鞋。战国以前，屦是鞋的总称。屦在《诗经》和《易经》中出现过。屦字，本是动词，是践、踩或者鞋的意思。战国以后鞋子总称为履，以材质来分，有布帛、草葛和皮革三种。

屐，是鞋底装有双齿的鞋子，主要用木料制成，称木屐，如图5-52（b）所示。

靴，是由游牧民族传入中原的一种鞋，造型与现在的筒靴相似，多用皮革制成。战国时期，赵武灵王提倡胡服骑射，靴才开始流入中原，如图5-52（c）、图5-52（d）所示为宋代、明代鞋靴。

旗鞋，俗称花盆底鞋，是清代满族旗人妇女穿的一种高底鞋，鞋子为木底，所以称为旗鞋，如图5-52（e）所示。

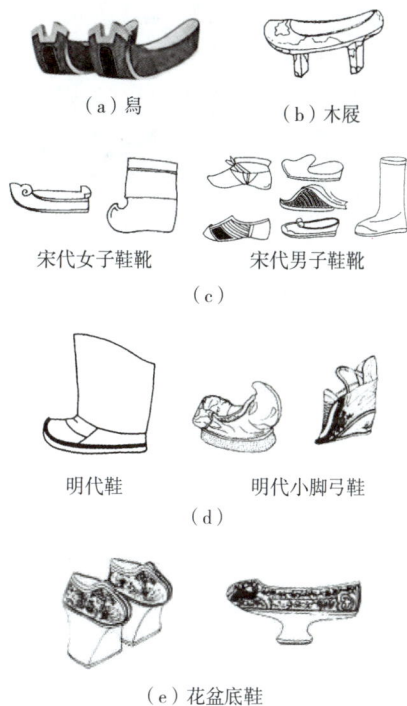

(a) 舄　　　　(b) 木屐

宋代女子鞋靴　　宋代男子鞋靴

(c)

明代鞋　　　明代小脚弓鞋

(d)

（e）花盆底鞋

图5-52　中国古代的鞋

（二）西方古代的鞋

在距今5000多年前的古代埃及，为了解决地面发烫不宜裸足行走的问题，贵族们出于礼仪开始穿皮质凉鞋。古埃及人的鞋子是古埃及人衣柜中最值钱的东西，用纸、草、芦苇、棕榈和皮革等做成的凉鞋，是身份高的人专用品。鞋头呈尖形翻翘，无鞋帮，类似于现在的夹趾拖。古巴比伦和亚述人大都穿皮制的带后鞋帮的凉鞋，鞋带绕住脚拇指和脚腕，并在脚腕处用纽扣扣住，如图5-53所示。

古代波斯人大多穿短靴，这种短靴按脚型用柔软的皮革制成，鞋面上有三组纽扣，女子鞋面上常装饰珍珠宝石，如图5-54所示。

古希腊男女都穿木底或硬革底的凉鞋，鞋面用保护和装饰脚面的绳带、细窄的皮带条或大块面透雕的皮革。女子喜欢将软木塞在鞋子底部来增加高度，如图5-55所示。

古罗马人鞋子的样式品种较多，在室内穿拖鞋，用皮革或草席制成，一般女生上街穿生牛皮条带制成的凉鞋或编成的短靴，贵族和官员的鞋采用高级皮革制作并用金银装饰，元老院议员则穿黑色软牛皮制成的长筒靴，如图5-56所示。

拜占庭时期有鞋和靴，刺绣丝绸为鞋面，装饰黄金和珠宝，鞋头尖细、精致而华丽，如图5-57所示。中世纪欧洲各国流行尖头鞋，到哥特时期发展到极致，无论男女，都穿尖尖的鞋，尖头长度象征个人的社会地位，到后期逐渐变宽，如图5-58所示。

文艺复兴开始时，男子穿平底无跟鞋，鞋面少装饰；女子流行高底鞋，为无后帮的拖鞋状。文艺复兴中期，鞋子流行扁宽的方头，后来方头逐渐变得自然合脚。16世纪后半叶，高跟鞋取代了高底鞋。皮鞋有浅口的，也有高靴式的，有时将鞋半腰做成翻折。文艺复兴末期男、女鞋面上都用花结作装饰，如图5-59所示。

巴洛克时期男女都穿高跟鞋，这种鞋的造型起初差异不大，但后来女鞋设计简单，而男鞋多华丽，如图5-60所示。

洛可可时期女鞋延续了以前的样式，流行浅口高跟鞋，造型曲线优美，鞋尖秀美，装饰精美的刺绣和珍珠宝石。男子多穿精巧的低跟浅口鞋，鞋头呈方形，如图5-61所示。

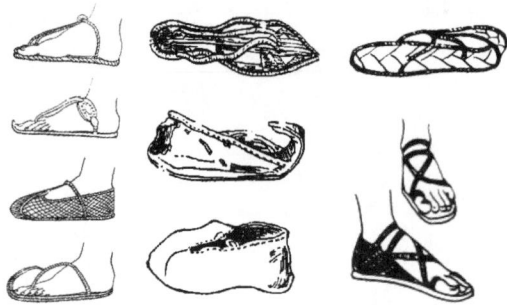

图5-53 古埃及、古巴比伦时期的鞋

图5-54 古波斯人的鞋

图5-55 古希腊时期的鞋

图5-56 古罗马时期的鞋

图5-57 拜占庭时期的鞋

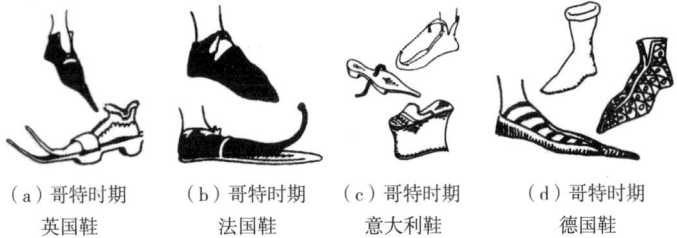

（a）哥特时期 （b）哥特时期 （c）哥特时期 （d）哥特时期
英国鞋 法国鞋 意大利鞋 德国鞋

图5-58 哥特时期的鞋

图5-59 文艺复兴时期的鞋

（a）17世纪巴洛克时期法国鞋 （b）17世纪巴洛克时期英国鞋

图5-60 巴洛克时期的鞋

图5-61　18世纪洛可可时期男、女鞋

19世纪男子以平底、矮帮、浅口皮鞋为主，英国式马靴也较流行，由柔软耐磨的羊皮或呢绒制作，有翻折。女鞋在19世纪初流行用布或羔羊皮制作的柔软、平底、浅口鞋，用细的鞋带或缎带绕着脚腕系结，轻巧秀丽，具有古典风格。19世纪中后期，又重新流行女士高跟鞋，它是用皮革和各种布料一起制作，晚会和舞会上穿的鞋还用豪华面料或用刺绣装饰，白天穿的鞋则多为鞋上有一长排扣的高筒高跟鞋，鞋型合脚。19世纪末，制鞋业迅速发展，制鞋缝纫机的使用让成品鞋的质量提高。鞋的尺寸号型齐全。

进入20世纪，前40年鞋的造型与以前相似，从40年代往后，鞋的款式越来越丰富，加上各种新型材料的开发和利用，鞋的舒适度也大幅提高，并产生了各种专业用鞋。

二、鞋的分类

（1）按材料分：真皮皮鞋、合成革皮鞋、布鞋、塑料鞋、胶鞋、草鞋等。

（2）按季节分：单鞋、夹鞋、凉鞋、棉鞋等。

（3）按鞋帮深浅分：浅口鞋、低帮鞋、中帮鞋、高帮鞋等。

（4）按鞋跟高低分：平跟鞋、低跟鞋、中鞋、高跟鞋。

（5）按穿着用途分：

①拖鞋：一般为室内穿着用。随着流行时尚的变化，为适合搭配服装，女鞋采用多种拖鞋式风格，男鞋一般只有休闲款式拖鞋。

②休闲鞋：与日常便装搭配的鞋式。可分为城市休闲类和运动休闲类，如懒汉鞋、软底鞋、甲板鞋、陆战靴、牛仔靴、沙滩鞋、沙漠鞋等。

③上班鞋：与上班时的套装、西装等搭配的鞋式，造型经典、简洁，用色较保守。

④礼仪鞋：女鞋有隆重场合和礼服搭配的款式，也有与流行时装搭配的款式，强调女性风情，常用珠子、花朵、蝴蝶结等装饰，如晚宴鞋、宫廷鞋、轻便舞鞋。礼仪男鞋一般是造型比较精致的鞋式，如三接头牛津鞋、镂花皮鞋等。

⑤运动鞋：可以分为日常穿着的运动鞋，如胶底帆布鞋、跑步鞋及专业的训练鞋，如田径鞋、网球鞋、篮球鞋、足球鞋、溜冰鞋等。

（6）按性别分：男鞋、女鞋。

①男鞋的种类，如图5-62所示。

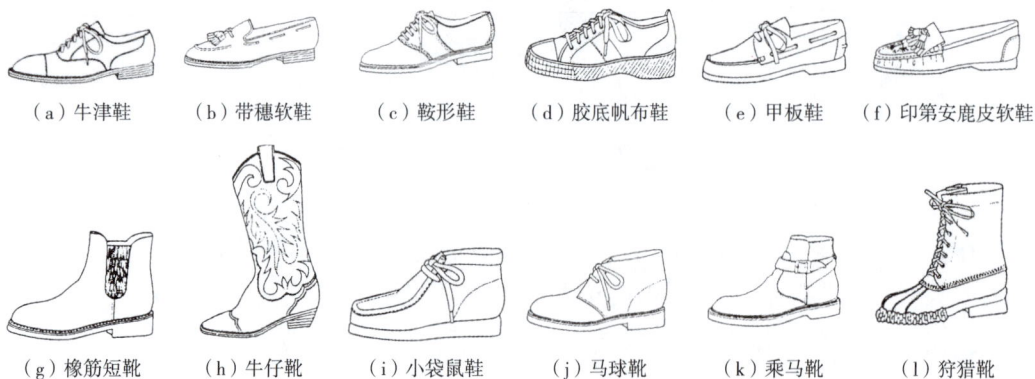

（a）牛津鞋　（b）带穗软鞋　（c）鞍形鞋　（d）胶底帆布鞋　（e）甲板鞋　（f）印第安鹿皮软鞋

（g）橡筋短靴　（h）牛仔靴　（i）小袋鼠鞋　（j）马球靴　（k）乘马靴　（l）狩猎靴

图5-62　男鞋的种类

②女鞋的种类，如图5-63所示。

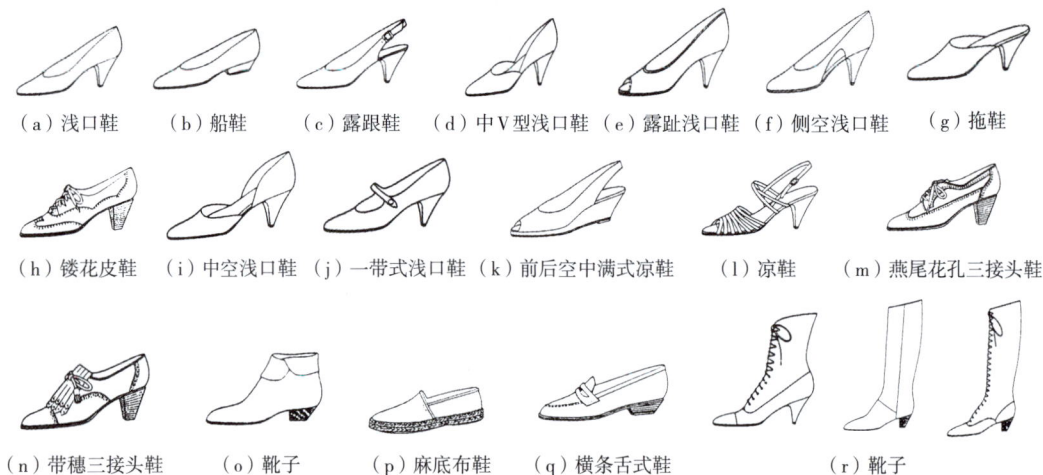

（a）浅口鞋　（b）船鞋　（c）露跟鞋　（d）中V型浅口鞋　（e）露趾浅口鞋　（f）侧空浅口鞋　（g）拖鞋

（h）镂花皮鞋　（i）中空浅口鞋　（j）一带式浅口鞋　（k）前后空中满式凉鞋　（l）凉鞋　（m）燕尾花孔三接头鞋

（n）带穗三接头鞋　（o）靴子　（p）麻底布鞋　（q）横条舌式鞋　（r）靴子

图5-63　女鞋的种类

三、鞋的设计与制作工艺

（一）鞋的款式设计

鞋的款式设计主要包括鞋楦设计、鞋帮设计、鞋底设计、鞋跟设计、鞋筒设计和鞋的装饰设计等。

1. 鞋楦设计

鞋楦又称楦模，是鞋的成型模具，如图5-64所示。好的鞋子设计取决于鞋楦设计。鞋楦来源于脚，应用于鞋，不仅决定鞋的造型和式样，更决定着鞋是否合脚，能否起到保护脚的作用。鞋楦既要依附其所塑造的鞋外形与鞋腔，适应运动需要，美化脚的外观形体，修饰、掩盖、弥补脚的不足，同时又要满足鞋的组装工艺要求。鞋楦设计必须以脚型为基础，但又不能与脚型一样，因为脚在静止和运动状态下，其形状、尺寸、适应力等都有变化，加上鞋的品种、式样、加工工艺，原辅材料性能，穿着环境和条件也不同，鞋楦的造型和各部位尺寸也就不可能与脚型完全一样。另外，鞋楦的设计也应结合鞋底、鞋跟来综合考虑。狭义来说，鞋楦设计是属于鞋头造型式样设计。鞋楦头型式样设计，是指依据鞋子流行预测趋势与流行周期变动性为设计的主要条件，而改变鞋楦头的造型。广义来说，鞋楦设计是属于鞋头造型式样设计与鞋跟高度设计。鞋跟高度设计是指依据鞋子流行趋势与鞋头部设计为主要搭配条件，使用功能为辅助设计。但是在特殊功能为主要诉求时，则以功能性的鞋跟高度为主。

2. 鞋帮设计

鞋帮是覆盖脚背和脚跟的部分。鞋帮设计是鞋子设计的重要部分，是体现款式设计的关键。结合鞋底头部的造型，鞋帮头部也有相应的尖头、圆头方头以及扁头、高头、晓头等造型。鞋帮分为前帮和后帮，前帮是鞋的主要显露部位。前帮除了楦头型的变化以外，前帮的变化主要分半覆式、全覆式、拼接式、条带式、编织式、网面式、镂空式、运动式等。条带式、编织式、网面式常用于凉鞋，如图5-65所示。镂空式、拼接式、半覆式常用于春秋季的鞋，全覆式常用于秋冬季的鞋。

千层底凉鞋

图案

配色：紫色，紫色具有优美高雅、雍容华贵的气度，既含红的个性，又有蓝的特征。

图5-64 凯瑟琳·赫本的鞋楦模　　　　图5-65 条带式凉鞋设计（作者：祁秋雨）

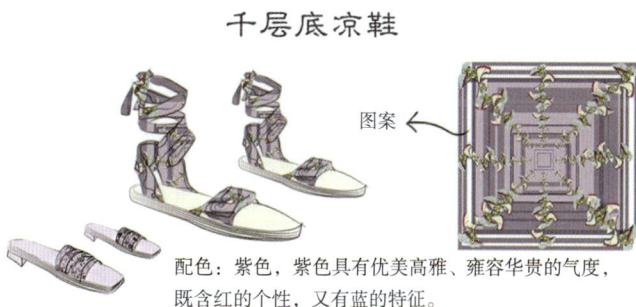

3. 鞋底和鞋跟设计

地面与足底接触的部位称为鞋底。鞋底设计与鞋帮设计紧密相连，根据鞋帮造型来设计与其相符的鞋底，主要分鞋头部、鞋掌部与鞋跟部。鞋底设计也要与鞋跟设计一同考虑，女式鞋跟的造型变化十分丰富，要根据鞋的款式设计来确定，它也是鞋子设计的一个重要方面，恰当的设计既美观又舒适，如图5-66所示。

4. 鞋筒设计

鞋子穿在脚踝骨以上的部分称为鞋筒，可分为矮筒、中

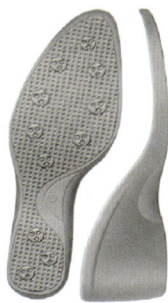

图5-66 鞋底、鞋跟设计

筒、高筒。由于鞋筒与鞋帮连为一体，又常称为矮帮、中帮或高帮鞋。有筒的鞋又称靴，一般用于秋冬季。鞋筒的设计除了高矮的选择以外，还可根据流行，使用不同材料设计鞋筒。

5. 鞋的装饰设计

用于鞋的装饰很丰富，如印花或手绘图案（图5-67）、花饰、宝石珠子、铆钉扣环、刺绣、流苏、毛皮羽毛、标牌等都可以作为鞋的装饰。

动物纹样和手工布鞋

设计灵感：

手工布鞋成品穿着舒适，轻便防滑，冬季保暖，夏季透气吸汗。现代流行的千层底布鞋与传统样式已大有不同，无论在款式上还是颜色面料上都更符合了现代人的审美要求。更适应了现代人的审美及回归自然的要求。布鞋不再是一色"黑"，而是多样缤纷的纹样、刺绣、材料等。

豹纹永不过时的纹样与传统手工艺结合，既在当下运用潮流元素，又回归了旧时的味道。为了与时尚消费相适应，还可运用横压底、注塑底等现代制鞋工艺，再衬垫上一层麻编底，这样既改变了布底布鞋怕水忌湿的缺点，又保留了柔软、舒适、轻巧、健康的特性。

图5-67 鞋的图案装饰（作者：万唯远）

（二）鞋的色彩设计

色彩可以赋予鞋更加鲜明、醒目的视觉效果，提升鞋的附加值。设计鞋子时应当注意色彩搭配与色彩协调，要遵循色彩设计原则与方法，才能设计出更好的鞋。

1. 统一与变化

色彩组合表现出的统一色调给人以整体和谐的美感，但如果过分地强调统一感，往往会使鞋的造型设计显得呆板，缺少变化。因此在配色时适当跳跃起来，产生适当的变化。例如，低纯度色为主配色时，鞋会给人很沉闷的感觉，设计时可以搭配较大色彩的明度和色相差使整体配色活泼一些，如图5-68所示。

2. 比例与均衡

不同色彩在整体组合中所占面积比例的大小对整体配色效果有很大影响。色彩在配色中所占的比例要能清楚地分出主次色调。控制好色彩的主次关系以及色彩明度、纯度、色相的面积比例关系，位置排列关系，才能在视觉上达到一种均衡的效果，如图5-69所示。

3. 鞋的配色要与风格统一

鞋的整体造型风格被确定后，色彩设计就要为整体造型服务，与整体风格相统一。

例如，女鞋温馨浪漫，适合用粉色系；男鞋成熟稳重，多用黑色或棕色来体现。高明度、高纯度、对比强的色彩组合表现活泼、外向；低明度、低纯度、对比弱的色彩组合表现庄重、内敛风格。

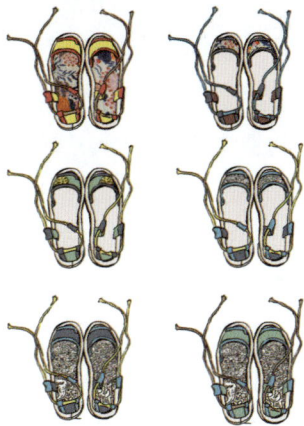

图5-68　统一与变化（作者：吴唱雨）

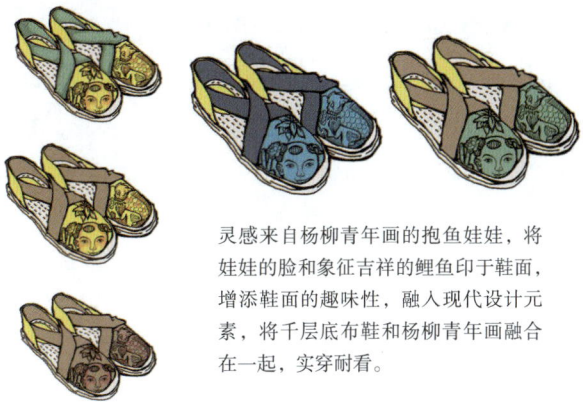

灵感来自杨柳青年画的抱鱼娃娃，将娃娃的脸和象征吉祥的鲤鱼印于鞋面，增添鞋面的趣味性，融入现代设计元素，将千层底布鞋和杨柳青年画融合在一起，实穿耐看。

图5-69　比例与平衡（作者：吴唱雨）

（三）鞋的材料设计

鞋的材料选择直接影响鞋的设计效果，材料是鞋的重要载体。应用于鞋的材料主要包括：皮革（牛皮、羊皮、猪皮等）、纺织面料及其他一些人工合成面料。选料一定要先考虑质地，比如软硬、薄厚、粗糙与细腻等；要考虑功能性，比如是否透气、凉爽、保暖等；还要考虑材料风格，比如浪漫的、粗犷的、优雅的、另类的等。设计师只有了解并熟悉材料，才会设计出好的鞋。

（四）千层底的制作工艺

传统手工千层底布鞋简称为"千层底"，其鞋底是用棉布裱成袼褙，多层叠起纳制而成，故而得名。我国千层底布鞋最早见于有3000年历史的周代武士跪像（山西侯马出土），跪像的鞋有规整的线迹与千层底布鞋一致。清代千层底布鞋材料、造型和技艺进步巨大，逐步驰名中外。千层底布鞋是我国民间一项重要的手工艺技术，是纺织服装领域重要的非物质文化遗产，它承载了几千年来中国劳动人民的智慧与情感。以下手工千层底女士布鞋的设计制作由天津工业大学学生吴唱雨、祁秋雨、万唯远共同完成，效果较好，快参考。

1. 千层底布鞋制作材料

手工千层底布鞋的原材料主要以自然素材为主，分为鞋底布料、鞋面布料、彩色棉绣线和棉、麻线等。

（1）鞋底布料：手工千层底布鞋的鞋底是由多层棉布粘贴缝合而成的，黏合后的棉布俗称"袼褙""夹纸""浆层布""壳子"，制作过程也称"打袼褙""打壳子"。袼褙的材料以棉织物为主，袼褙的表层、中间层和底层都用全新的棉质面料，有时为了节省成本，袼褙中间层可以用旧衣物拆分洗涤拼接黏合而成。表层和底层一般选用白色的纯棉布料。

（2）鞋面布料：手工"千层底"的鞋面布料选用范围较广，根据场合或使用人群的不同，面料材质和颜色的选择也会有所区别。幼儿鞋面布料在材质上通常会选择相对柔软的棉布或灯芯绒面料，面料颜色丰富多彩，根据鞋面的动物造型选择搭配。成年男性的"千层底"鞋面布料通常选用比较耐磨厚实的帆布或棉布等材质，颜色多以黑色为主。成年女性"千层底"的鞋面布料较为常见的是灯芯绒或毛呢，颜色多样。日常劳作时的女性"千层底"的鞋面布料为结实耐磨的帆布或棉布，颜色以黑色、红色为主。

（3）棉、麻线：制作"千层底"的重要环节是纳鞋底，用棉线或麻线，灵活运用刺绣针法，缝出鞋底的纹样图案。鞋底需要承受人体的重量，与地直接接触，必须耐磨和防滑，这需要对棉线和麻线进行加粗处理。通常用纺锤把一股线搓捻成两股或四股线使用。千层底棉线需用锥子和顶针辅助穿线和缝制。鞋面图案通常使用的是绣线，色彩丰富，品类多样，根据材质可分为丝线、棉线、毛线等。

2. 手工"千层底"制作工具

（1）木板、毛刷和浆糊：木板和毛刷是在打袼褙的过程中使用。木板需表面平整，没有裂痕。在千层底袼褙的制作中需用浆糊将棉布层层黏合，这就需要先将棉布平铺于木板上，再用棕刷蘸取适量的浆糊在整块棉上涂匀，袼褙就是这么一层层铺匀后晾干得来的。

（2）剪刀：手工千层底的袼褙和鞋面的剪样离不开剪刀，由于袼褙的厚度和硬度大，使用的剪刀需要有较高的硬度和咬合力。

（3）锥子、钳子：在纳鞋底的过程中，需要用锋利的锥子把厚厚的鞋底戳穿后才能穿针引线，由于千层底鞋底过厚，需要用钳子将穿入鞋底的针夹住拔出来，每一针的缝合都十分费时费力。

（4）顶针、大号针与绣花针：在缝合鞋底时，需要使用顶针，以免针伤到手，顶针上的凹槽可以顶住针的尾部，使手指更容易发力，以便穿透鞋底。由于纳鞋底时的麻线较粗，一般是两股或四股线合成，所以需要使用大号针，而绣花针则是用于鞋面的纹样刺绣。

（5）楦头、锤子：楦头是传统的制鞋用具。将大小合适的木头用特制工具削制成足形，放入鞋中撑起鞋面，定型一段时间后的新鞋会变得美观、合脚。锤子用来敲打袼褙，当袼褙缝合好之后，会用榔头轻轻敲打鞋底，这种做法会让鞋底更加平整，穿在脚上更为舒适、贴脚。

3. "千层底"制作的主要工艺

（1）袼褙制作。袼褙是制作"千层底"鞋底的重要材料，决定着"千层底"的舒适度与耐磨性。袼褙的制作是"千层底"整个制作中的重要环节。袼褙制作的难度不仅在于其制作流程的复杂，还在于袼褙制作前期的材料选用。

其次，是面料的选择，前面准备材料里已经讲过，纯棉白色布料最佳，也可以用废旧的棉质衣物面料。将选择好的布料清洗干净或将新棉布上多余的浆料清洗后晾干。然后，选择一块光滑平整的木板，木板是用来粘贴棉布并将其定型成袼褙的。下一步是熬制浆糊这一步很关键（图5-70），材料可选用普通的小麦或玉米面粉，浆糊不能太稠，否则制作出的袼褙较硬不易扎针缝合，小麦面粉黏稠，玉米面粉黏度小。制作浆糊时加入几滴菜籽油会使浆糊更光滑，易于后续鞋底的缝合。制作浆糊时，将面粉和水以1∶5的比例放入锅中，用文火煎熬，用勺子不断地搅动以免粘锅。在熬制浆糊的过程中要注意水的用量，水少，浆糊浓稠，会导致袼褙太硬，水太多，浆糊太稀，黏合度不够。待到浆糊煮开后，滴入三四滴菜籽油即可使用，注意油不宜太多，以免浮起。

袼褙制作的难点除了浆糊制作外，还有黏贴棉布。黏贴棉布时，首先将清洗晾干后的整块或零碎的棉布放入浆糊中揉搓，使棉布沾匀浆糊。将棉布平铺于木板上，用毛刷刷掉多余的浆糊并将棉布刷至平整，使其紧贴于木板上并排出气泡。第一层浆糊要刷薄一些，不宜太多以免晾干后不易取下。第一层的棉布作为袼褙底部尽量选择较大较新的整块布料。第一层棉布铺匀后开始刷浆糊黏第二层，第二层至第四层可以选择零碎的布料拼凑在一起，注意拼凑在一起的棉布接缝处要平整、服贴、压紧。最后一层的棉布作为袼褙表面用布，依然要选择较完整的布。最后一层棉布铺匀后在表面薄薄地刷上一层浆糊即可。袼褙制作完成后，先放在阴凉的地方稍稍阴干，然后放在太阳下晾晒一至两天，夏季在阳光下暴晒几小时即可晾干（图5-71），这样做的袼褙不易发霉，而且既平整又有韧性。

图5-70　熬制浆糊及准备

图5-71　刷浆糊及暴晒

（2）鞋底与鞋面纸样制作。手工"千层底"的鞋底与鞋面的纸样是为了将袼褙与鞋面布料转化为所需的鞋底与鞋面形状样图，是根据不同人群的脚部尺寸量身绘制的，如同服装的打板图一样。手工传统"千层底"鞋样也需要先把三维的立体造型转化成二维的平面图。"千层底"的鞋底和鞋面样板图并没有工业化生产鞋样板那样科学地测量和精算，而是依据个人估算和先人们流传的经验数据，根据"千层底"的款式制作出相对应的样板图，通常是依照量脚定制，将脚型拓印到纸上，用尺子测量出脚的长度与宽度，再根据经验留出一些空间剪出最终的鞋样图，一般鞋样图的尺寸要稍微大于脚的尺寸。新手或初学者的鞋面、鞋底纸样数据并不合适，因此手工艺人会去手工精湛的前辈家里拷贝纸样图，在民间叫作"替鞋样"。鞋底、鞋面纸样一般按照传统的方法测量绘制，没有具体的科学数据供参照。

手工"千层底"的种类丰富，款式分为单鞋、棉鞋，根据鞋头造型可分为鱼嘴鞋头、圆头、方头等。穿着季节、场合和人群的不同可以设计出不同造型的"千层底"，比如深口棉鞋、带扣方头鞋、鱼嘴凉鞋等（图5-72）。

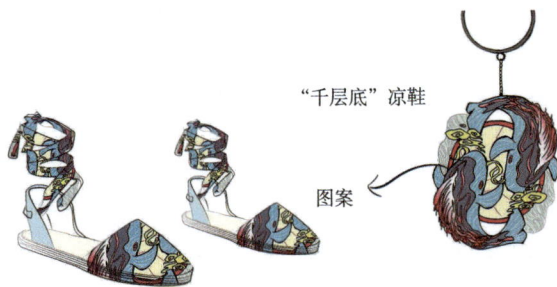

图5-72 "千层底"凉鞋款式图（作者：吴唱雨 祁秋雨 万唯远）

（3）鞋面制作工艺。

①鞋面的装饰：手工"千层底"鞋面的装饰材料会选择灯芯绒或丝绸等装饰性强的布料之外，还会选择刺绣和布艺拼贴纹样。绣线的堆积和布艺拼贴的叠加，使鞋面造型更有三维空间感，具有凹凸的浮雕视觉效果。女性"千层底"鞋面刺绣纹样以花卉主题居多，将图案纸样先拓印在布面上，然后进行刺绣（图5-73）。

②鞋面的制作要满足鞋面挺括有形、结实耐磨的功能，鞋面的用布通常需要至少三层，鞋面的布料选择耐磨的帆布或灯芯绒等，鞋里的布料要选择较柔软的棉布。最好是纯白棉布。鞋面的制作工艺和打袼褙的工艺类似，将三层用布按照由鞋面到鞋里的顺序叠放在一起，然后按照准备好的鞋面样板图拓印在用布上进行裁剪。注意裁剪的时候先将三层面料用针固定在一起，以免裁剪的时候错位。裁剪时鞋面要比拓印的样板图大一些，便于后续修剪整齐（图5-74）。

裁剪完成后的鞋面将表层布和中间层布料用浆糊黏在一起，制作出硬挺的鞋面里层布料，方法和打袼褙的过程一样，一层浆糊一层布，注意鞋面最底层鞋里子棉布不

图5-73　刺绣鞋面

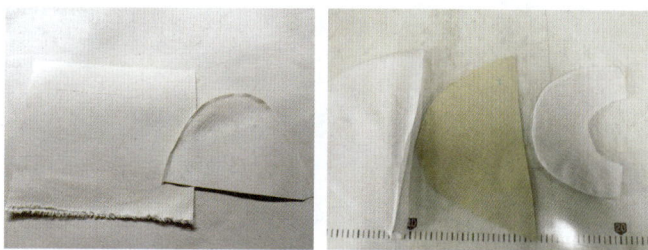

图5-74　制作鞋面

用和中间层硬挺布料黏合在一起。然后，将刺绣好的布片与鞋面最底层鞋里棉布进行缝合，把硬挺的中间层放入两片中间，最后，再进行后续的绗缝鞋面包边。缝合时要注意使包边布条保持平整、紧凑，鞋边的走线要顺直均匀工整。

4. "千层底"制作流程

手工传统"千层底"的制作工艺较为复杂，因是纯手工制造，不同于工业制造，每一道工序都有明确要求。其所花费的时间较长，一般需要5~7天才能完成一双成品鞋。手工千层底的制作流程可分为以下7道工序。

（1）切底，将袼褙裁切成鞋底。这道程序是把晾干后的袼褙按照鞋底样板图剪成一片片的鞋底。手工"千层底"的鞋底至少需要5组袼褙，通常5层棉布为1组袼褙，5组袼褙即是25层棉布。在切底时底边缘尺寸比所需鞋底尺寸要大1cm的距离，以便后续包边绗缝（图5-75）。

（2）鞋底包边、黏合。用棉布包裹鞋底四边，并将袼褙黏合一起。切底后的袼褙四周都是毛边，为了使千层底更为美观，一般会用棉布条包鞋底边。其做法是将棉布裁剪成4cm的棉布条，在裁好的棉布条上涂抹浆糊，沿着用袼褙切成的鞋底四周包裹起来，包裹时要平整无褶皱。包边工序有时也可以省略，根据场合的不同包裹的布条颜色或图案也不同（图5-76）。

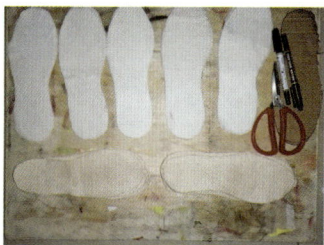

图5-75　裁剪鞋底

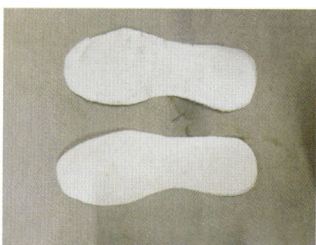

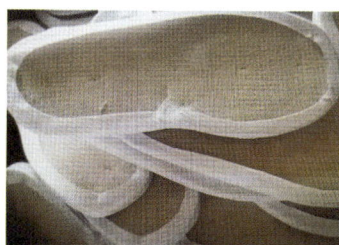

图5-76　包边

（3）圈底和垫料。圈底即鞋底周边的缝合。圈底是初步缝合各层鞋底材料的一项程序，用双股线把黏合后的鞋底周边缝合。圈底时先用锥子将鞋底穿透，再用线缝制，缝制时要勒紧，针脚要细密，走线整齐有序。这样圈底后的"千层底"更加结实，也为后序纳鞋底打下基础。这道工序决定着鞋的样式强度，因而是7道工序中的重要一环。

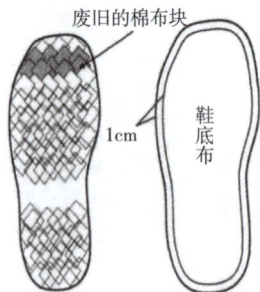

图5-77　垫料

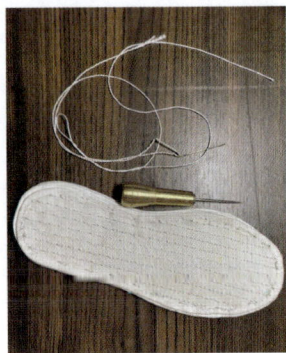

图5-78　纳鞋底

垫料即袼褙包边完成后，为了增加鞋的弹性和舒适度，还需在最底层袼褙上铺一些废旧棉布头，这个环节称为垫料。垫料一般铺在鞋底的两端，鞋掌和鞋跟部分铺得要厚一些，可铺2～3层，其余部位1层。废旧棉布撕成小四方块，采用鱼鳞状在鞋底一层压一层铺开。垫料完成后，用一块本白棉布，即鞋底布，覆盖在鞋底上，如图5-77所示。

（4）纳鞋底。纳鞋底是手工传统"千层底"的精髓，也是整个工艺流程中最难最复杂的一步。由于鞋底是由多组袼褙组成，其硬度大，鞋底也较厚，很难用针穿过去，必须用锥子先锥穿鞋底然后用针线缝制。缝制时线粗针孔细，得用手勒紧，针码还要分布均匀，针数并无固定。手工传统千层底的鞋底针法多种多样，较为普遍的针法有绗缝和打籽结等（图5-78）。

（5）拓印纹样。鞋面图案可以多样，所以需要将画好的草图拓印在鞋面上。画工较好技艺精湛的技师会直接用铅笔绘图。一般不建议用墨水笔绘图，因为铅笔比墨水笔好清洗，不影响美观性。

（6）绱鞋。即把鞋底、鞋面、鞋帮手工缝合在一起。绱鞋时要把握好鞋面与鞋底的尺度，确定鞋面和鞋底的外轮廓周长是否一致。如果鞋底与鞋面周长不相等，需要将鞋面周长进行修剪或加长，调整鞋面周长时要从鞋面后跟中心处调整，以确保整体美观性。绱鞋时，首先将鞋帮和鞋底前、后中心点连接固定，然后开始沿着鞋底四周绱鞋。绱鞋使用的是明针技法，注意把线头藏好，针距不宜过大，针迹不能歪曲，鞋帮左右两边不要超出鞋底边缘，要与鞋底四周对齐（图5-79）。

（7）槌底与鞋楦。这两道工艺同属于鞋的定型工序。将"千层底"成品先用热水浸湿，再用榔头槌平整。槌底时鞋底下方需要垫上平整的木板，槌底时力度适中，不能使"千层底"走样，槌底实际上也是鞋底的定型工序。经过槌底后的"千层底"要经过鞋楦来整形，将鞋楦的楦头放入"千层底"中将鞋头撑起定型，经过一段时间的定型，"千层底"的鞋头才会更饱满，穿在脚上也更舒适、美观（图5-80）。

图5-79　绱鞋

图5-80　完成效果（作者：吴唱雨、祁秋雨、万唯远）

第六章

装饰服饰品的设计与应用

教学课题：装饰服饰品的设计与应用

教学学时：6课时

教学方法：任务驱动教学法

教学内容： 1. 首饰的设计与应用

          2. 花饰的设计与应用

          3. 领饰的设计与应用

          4. 腰带的设计与应用

教学目标： 1. 了解首饰、花饰、领饰、腰饰的发展历史、分类。

          2. 从设计、材料、制作工艺讲解四种装饰服饰品，同时列举应用实例。

          3. 从装饰服饰品与服装的搭配，讲解装饰服饰品的穿着注意事项。

教学重点：了解装饰服饰品的具体相关知识及设计在生活中如何应用。

课前准备：学生需提前查阅相关资料了解装饰服饰品及设计的相关知识，搜集优秀实例。

第一节 首饰的设计与应用

一、首饰的发展历史

（一）首饰的历史

人类佩戴首饰的历史已有数万年了。在距今四五万年之前的旧石器时期，人们就已开始直接利用动物的齿、骨以及植物的纤维或种子装饰自己。随着社会发展和科技进步，首饰家族越来越庞大，用材、造型、工艺、图案等方面也越来越完美。首饰除了作为权力和地位的象征外，其作为艺术品越来越受到人们喜爱。首饰能够体现出人们的审美和情感需要，同时也反映出人们的价值观念和生活方式。

旧石器时代晚期"山顶洞人"用形态各异的石头稍加打磨、凿孔后串接而成的串饰，是世界上早期的首饰。数万年前的原始人类就已经懂得制作和佩戴项链。世界各地发掘出的原始首饰具有相似的造型、相似的装饰方法以及相似的手工技术，虽然所采用的原材料不尽相同，但都以本地区能够利用、便于得到的物品为主要用料。居住在山区的人们常选用动物的牙齿、骨头、蹄角、尾巴和鸟羽、石头等物作为首饰的材料；而居住在海边的部落的人们则选用鱼骨、贝壳、龟壳以及美丽的珊瑚等天然物品作为材料。这些大自然赋予的神奇材料，不仅给原始人类带来了美的享受，更多的是满足了原始人类自然生活中多方面的需要，也就是首饰起源的一些必要的因素。

巫术礼仪或避邪等因素存在于原始人类的首饰中是普遍的。落后、简陋、原始的生活方式和人们对自然现象的无知，都使他们无力抵御各种灾害，无法战胜凶猛的野兽。因此，他们将希望寄托在神灵或鬼魂身上，一些用兽骨、牙齿、珠子、石头等串起来的项链、项圈、胸饰或腕饰都被当作护身符，以此来避邪镇妖，保佑平安。有的原始部落以某种动物象征自己的祖先，在住所、衣饰等物上都要雕刻上这种动物的图形，祈求处处受到它们的保佑。

审美因素也是首饰起源的一个很重要的因素。大自然中色彩艳丽、造型美观的花草、动物羽毛、银、铜的使用以及对珍珠、宝石的青睐，使欧洲首饰业的发展非常迅速，至今已形成了以意大利、法国为中心的珠宝首饰业。20世纪30年代是世界上珠宝业的"黄金时代"，人们开始研究那些突出饰品表面立体感的加工技术及标新立异的饰品设计，首饰的设计多采用装饰艺术手法来表现。20世纪60~70年代以后，欧洲珠宝首饰业制作面向普通消费者，朴素和低价值及抽象主题的设计层出不穷。珠宝饰品的机械化生产和手工艺生产相结合的方法，受到人们的普遍欢迎。

（二）首饰的发展

1. 现代首饰设计的潮流呈多元化发展趋势

首饰设计向高档次方向发展，讲究材料质地的纯真豪华及款式的设计新颖别致，制作工艺繁复精良。在设计风格上，强调多种主题的展现：或以创意新颖取胜，追求构思独特和造型完美；或注重古典设计，使传统首饰中美的意境重新焕发出时代的光彩；或融合各民族优秀的传统精华及民族特色，相互启发、相互借鉴，使首饰立足于民族文化的基点上，更具有时代风格。在这些主题的指导下，又引发出创意，独树一帜，讲究自然风情，增强环保意识，浪漫的细节设计等。

2. 现代首饰设计向大众化、艺术化方向发展

根据人们的心理、喜好和个性需求，使设计向中、低档首饰、仿真首饰的方向发展。珊瑚、宝石、珍珠等材料，外观效果逼真，造型丰富，款式众多，但在设计上，仍注重精美的造型和外观效果，工艺制作上细致讲究、精益求精。由于这种首饰款式丰富、美观大方且新潮亮丽，价格比高档首饰便宜得多，因此，备受人们的喜爱。

3. 现代首饰设计向整体配备方向发展

无论高档首饰，还是中、低档首饰，最重要的一点是整体性、配套性。设计时以项链、耳环、戒指、手镯等首饰形成一组或一个系列，这样能够衬托出服饰设计的整体性。当今服饰设计师和首饰设计师联手协作，设计出众多优秀的服装与首饰作品，都是以其整体性取胜的。从创作内容来看，各种自然形态、抽象形态都能够展示出现代首饰的风采。

4. 现代首饰设计更强调向实用性和功能性方向发展

目前世界上已经出现的带有实用性的首饰已有不少品种，如磁疗项链、保健项链、放香戒指、放大镜戒指、照相机戒指、表镯、音乐项链等，今后会更注重对人类有益的功能设计，如具有医疗保健功能、测试环境污染或噪声的功能。方便人们生活、工作活动功能的首饰得到人们的信任和喜爱，会更有前途。

5. 现代首饰设计制作工艺向高新技术方向发展

高新技术介入现代珠宝首饰制作工艺之中，手工技术与机械化生产相结合。但是，这两方面的工艺独立性是现代首饰设计制作中缺一不可的，因此，尽管现代工业迅猛发展，从艺术性和创造性方面看，独立的手工艺师高超的技艺和高精密度的机械化生产并重，才能使现代首饰更完美地发展。当今社会已进入信息科学时代，计算机已被广泛应用于各行各业，首饰设计的领域也必不可少，首饰的发展必将进入一个崭新的时代。

二、首饰的分类

（一）按照装饰人体部位分类

按照装饰人体部位，首饰可以分为：

头饰——簪、钗、笄、梳、菌、头花、发夹、步摇、插花、帽花。

颈饰——项链、项圈。

面饰——钿、摆、花黄、美人贴。

臂饰——臂钏、手镯、手链、手铃、手环、装饰手表。

脚饰——脚钏、脚镯、脚链、脚铃、脚花。

鼻饰——鼻塞、鼻栓、鼻环、鼻贴、鼻纽。

胸饰——胸针、胸花、别针、领花。

耳饰——耳环、耳坠、耳花、耳挡。

腰饰——腰带、腰坠、带扣、带钩。

（二）按照装饰风格分类

按照装饰风格，首饰可以分为：古典型首饰、高雅型首饰、概念型首饰、自然型首饰、前卫型首饰、环保型首饰、浪漫型首饰、怀旧型首饰、乡情型首饰、民族型首饰等。

（三）按照制作工艺分类

按照制作工艺，首饰可以分为：模压首饰、铸造首饰、雕镂首饰、垒丝首饰、镶嵌首饰、镀层首饰、轧光首饰、烧蓝首饰、錾花首饰、焊接首饰、包金首饰、雕漆首饰、注塑首饰、热固首饰、软雕首饰、编结首饰、缝制首饰、刺绣首饰等。

（四）按照价值分类

按照价值，首饰可以分为：名贵首饰、高档首饰、中低档首饰、廉价首饰。

（五）按照应用场合分类

按照应用场合，首饰可以分为：宴会首饰、时装首饰、日常首饰等。

（六）按照材料首饰分类

1. 金属类

（1）贵金属首饰：嵌金首饰、黄金首饰、包金首饰、双色金首饰、三色金首饰、变色金首饰、白银首饰等。普通金属首饰，包括铜首饰、铝首饰、铅首饰、钢首饰、铁首饰等。

（2）特殊金属首饰：稀金首饰、亚金首饰、亚银首饰、烧蓝首饰、轻合金首饰、黑钢首饰、仿金首饰等。

2. 珠宝类

（1）名贵珠宝首饰：钻石首饰、祖母绿首饰、红蓝宝石首饰、猫眼首饰、翡翠首饰、珍珠首饰、欧泊首饰、珊瑚首饰等，如图6-1所示。

（2）普通珠宝首饰：玉石首饰、水晶首饰、玛瑙首饰、绿松石首饰、青金石首饰、孔雀石首饰、大理石首饰、锆钻首饰等，如图6-2所示。

（a）卡地亚（Cartier）珠宝　　（b）蒂芙尼（Tiffany）珠宝

图6-1　名贵珠宝首饰

图6-2　施华洛世奇（SWAROVSKI）珠宝

3. 雕刻类

雕刻类首饰：牙雕首饰、角雕首饰、骨雕首饰、贝雕首饰、木雕首饰、雕漆首饰等。

4. 陶瓷类

陶瓷类首饰：彩陶首饰、土陶首饰、釉瓷首饰、碎瓷首饰等。

5. 塑料类

塑料类首饰：塑料首饰、软塑首饰、热固首饰、有机玻璃首饰等。

6. 软首饰

软首饰：绳编首饰、绒花首饰、缝制首饰、皮革首饰、刺绣首饰等（图6-3）。

（a）刺绣挂件（作者：王薇　张蒙蒙　张亚飞　赵蕾蕾）　　（b）头饰、胸针两用服饰品（学生作品）　　（c）民族风挂件（学生作品）

图6-3　软首饰设计

143

三、常用首饰

（一）戒指

戒指是一种戴于手指的装饰品。在我国历史记载中又称为"指环""戒止""代指""手记"等。新石器时代我国先民就已经开始佩戴指环，只是作为一种咒物使用。"戒指"一词源于古代宫廷中后妃们避忌时戴在手指上的一种标记。"戒指"在古代是以骨、石、铜、铁等材质制作，以后发展到用金、银、宝石制成。其做工精巧、别致，品种花型颇多，男女皆可佩戴。

西方的戒指可以追溯到三千多年前的古埃及，作为古埃及权贵们权利和地位的象征。后来演变为现在的戒指，作为装饰品使用。开始时，戒指造型较为简单，取材单一，佩戴方式也较随便。后来古希腊人在此基础上加以改造，设计出了新的图案，并开始利用黄金和宝石为材料，对佩戴方式也开始讲究起来，达到了一定的工艺水平。现在，戒指的种类很多，款式千姿百态，颜色五光十色，材料包罗万象，除了装饰外，还具有纪念、标记、象征和信物等特定的功能。

戒指可分为男款戒指和女款戒指。男款戒指的造型和线条都比较简单，主流变化是直线和角度的变化，外观硬直利落，体现阳刚之气。女款戒指分单主石、主石混镶和群镶式。单主石女款戒指要强调大宝石的光学特性和非凡的质感。主石混镶女款戒指的设计要注意宝石大小的搭配，突出主石，体现众星捧月之感，还要表现出整体的华丽之感。群镶式女款戒指没有主石，设计时要注意宝石的排列疏密有致，要有一定的方向性，但不能太一致，可以用一些线条穿插其中，体现一种关联性。戒指根据样式还可分为文字戒、镶嵌戒、婚戒、光戒和花戒等。戒指的制作材质多种多样，从最初的骨、木、石材到金属宝石，不同时期，不同审美观，戒指以其材料的纯天然性所产生的神秘感引起世人的关注，从而成为具有高附加值的艺术品。其中，以珠宝和金属最为典型，如图6-4所示。

（a）2020年GUCCI戒指 （b）伊泰莲娜（ITALINA）（c）谢瑞麟（TSL）戒指 （d）戴梦得戒指

图6-4　戒指

（二）项链

项链是一种佩戴在颈部的装饰物，是颈饰中最常用的形式，由金银、珠宝等材质制成的链状饰物，用于修饰脸型、颈部和前胸。原始社会早期就已出现了以石、骨、草籽、动物的齿、贝壳等串成的"原始项链"。除了装饰和美观外，还有勇猛、宗教、标记、图腾崇拜等功能。项链在脖颈的视觉上有较强的表达力，利于直观地表现造型，塑造形象。项链有很多不同的长度、品种和材料，基本连接形式有环连式、珠连式。随着社会的发展进步，项链的材料和款式越来越丰富，装饰作用越来越凸显。贝壳、兽骨、陶珠、珍珠、玉石、水晶、玛瑙、琥珀、珊瑚、翡翠、金银、其他贵金属等都可作为项链的材料（图6-5）。

（a）Off-white2019救生者项链　（b）2013年翠绿珠宝《云锦　　（c）伊泰莲娜　　　　（d）戴梦得
　　　　　　　　　　　　　　美镯》系列黄金饰品

图6-5　项链

（三）耳环

耳环是一种装饰耳部的饰品，古代男女通用。耳饰起源于新石器时代，以后慢慢成为妇女彰显自我和展示个性的饰品，也有少数男子佩戴耳环。随着冶金技术的发展，开始出现金属耳环。我国宋代以后崇尚穿耳，在出土文物中有大量造型华贵、制作精美、材质讲究的耳环实物。到了现代，女性佩戴耳环已十分普遍，耳环无论材质、色彩、造型都多种多样，古为今用，中西合璧。现代耳环造型丰富，色彩多变，佩戴主要以女性为主。佩戴的方式通常有穿挂于耳孔、以簧片或螺丝钉固定于耳垂等。耳环可以制成纽扣式，造型有花朵形、钻石形、珠形、圆形、菱形、链条形等，小巧精致；也可以制成耳坠式，在耳扣下面悬挂着各种形状的装饰，如圆环形、椭圆形、心形、梨形、花形、串形等，款式更为丰富。耳环材质也比较丰富，珍珠、宝石和贵金属都可以作为制作材料，一般多用金银制成，也有镶嵌珠、玉或悬挂珠玉镶成的坠饰（图6-6）。

图6-6　耳环

（四）手镯

手镯包括手环、手链，是一种戴在腕部、臂部的装饰品。材料一般采用金属、骨、

宝石、塑料及皮革等。手镯是我国的传统手饰，汉族和部分少数民族中都有佩戴手镯的习俗。国外的许多民族和土著部落的人也非常喜欢这种首饰。在民间，人们认为戴手镯可以使人无病无灾，长命百岁，具有吉祥的含义。手镯中银镯最多，其次是玉石和玛瑙手镯。纯金的手镯用料多，价格较高，但包金、镀金手镯由于价廉物美，深受人们欢迎。现代人更注重首饰的外在审美价值和做工，玻璃、陶瓷、塑料、不锈钢和合金等材料制作的手镯在市场上受到年轻人的欢迎。手镯的款式主要有链式、套环式、编结式、连杆式、光杆式、雕刻式、螺旋式、响铃式、镶嵌式、无花式、压花式等（图6-7）。

（五）脚镯、脚花和脚铃

脚镯是中外人民非常喜爱的脚上装饰品，多为儿童佩戴。民间许多人给刚出生不久的小孩戴上脚镯，以求小孩免除一切病魔，长命、富贵。脚镯一般以银为材料，样式较多，有单环式、双环式、系铃式、螺纹式、绳索式、链式等，银脚镯体轻、洁白、明亮。另外，还有玉、玛瑙、翡翠、珊瑚等制作的脚镯。

脚花在国外男、女青年中流行，是一种新颖的挂在袜子上或鞋子上的装饰品。脚花有一种特殊的魅力，使青年人感到豪爽奔放、充满活力。脚花造型别致，有浮雕式、壁画式、编织式、模压式等，图案多以山水、动物、人物、花草、树木为主。选材多以金属制作，也可用珐琅、塑料、贝壳、有机玻璃、各种宝石等制作。

脚铃是套在脚上的一种能发出声响的装饰品。由银、铜、铝等制成的环和3~5个小铃组成。环多为光杆式、压花式和绳索式，铃多为球型、钟型、桃型等。脚铃一般成双成对地佩戴，多半是孪生姐妹或孪生兄弟佩戴，每人在左脚上各戴一只。在我国，除了少数民族外，很少有成年人佩戴脚铃（图6-8）。

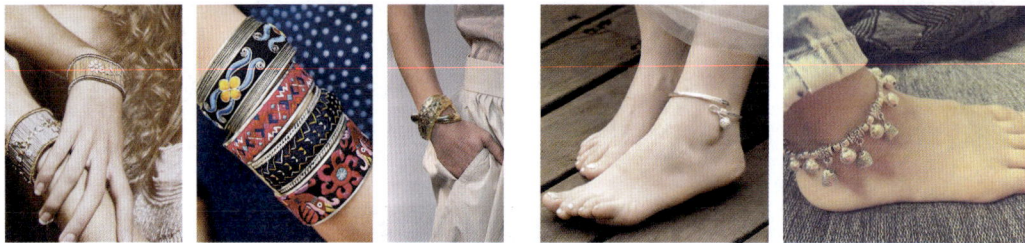

图6-7　各式手镯

图6-8　脚镯

（六）胸针

胸针是人们用来点缀和装饰服装的饰品。胸针的造型精巧别致，有花卉型、动物型和几何型。材料多为金、银、铜以及天然宝石和人造宝石、贝壳、羽毛等（图6-9）。

古希腊、古罗马时期就已经开始使用胸针，当时称为扣衣针或饰针。拜占庭时期出现了各种做工精巧、装饰华丽的金银和宝石饰针，成为现代胸针的原型。

胸针的式样可分为大型和小型两种：大型胸针直径在5cm左右，由若干大小不等的宝石相配，图案较繁缛，如有一粒大宝石配一系列小宝石的，或用数粒等同大小的宝石组合成几何图形的，均以金属作为托架，结构严谨。小型胸针直径约2cm，式样丰富，如单粒钻石配小花叶、十二生肖形象等。

我国较流行的主要有点翠胸针和花丝胸针。点翠胸针多为花鸟、草虫图案，其叶、花的表面呈现一种鲜艳的蓝色、松石色。花丝胸针是用微细金、银丝编制而成，还带有金银丝做的穗，有的还镶嵌各种鲜亮美丽的宝石。

（七）领带夹、领带饰针

领带夹是一种用来固定领带下摆的装饰夹，由于脱去西装进行活动时，长长的领带来回摆动，给行动带来不便，所以用领带夹加以固定。同时，领带夹上镶有珍珠或宝石，多为礼服专用，既有实用性，又有装饰性，如图6-10所示。

领带饰针是一种一端为饰物，另一端为帽盖的短饰针，通常是由一条饰链连接两端。饰针自衬衣内侧固定，从而起到固定领带的作用，饰物通常为宝石或其他贵重材料所制。使用这种饰针时，可以将饰物展现在领带上，领带饰针多用于高雅的西装及礼服上。

图6-9　珐琅掐丝胸针（作者：禹洁）

图6-10　领带夹

四、耳环、胸针、项链、戒指系列首饰制作实例

（一）确定主题

确定主题名称：心肝宝贝。灵感来源于人体器官，近年来年轻人压力大、作息不规律，导致各种疾病趋于年轻化，本设计采用可爱的设计风格，色彩活泼，希望以轻松活泼的方式呼吁年轻人大爱身体健康的设计理念。

（二）绘制效果图

首先根据主题和灵感板进行效果图的初步绘制。初步策划色彩选择和搭配、工艺方法、材料等，如图6-11所示。

灵感来源于人体器官，近年来年轻人压力大、作息不规律，导致各种疾病趋于年轻化，本设计采用可爱的设计风格，色彩活泼，希望以轻松活泼的方式呼吁年轻人大爱身体健康的设计理念。材料上选择用石塑黏土来实现最终的成品。

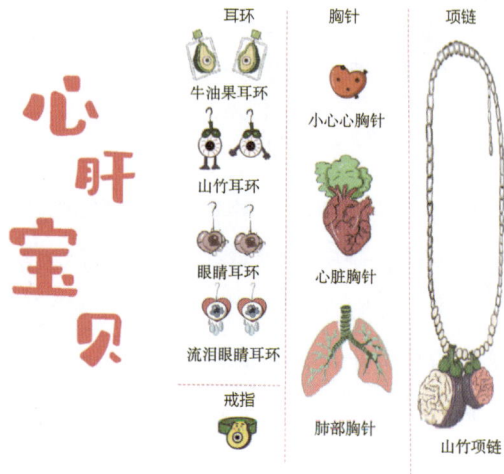

图6-11　灵感板、效果图（作者：熊慧琳）

（三）选定材料

此系列首饰饰品材料使用的是石塑黏土、丙烯颜料，防水上光油来制作。在黏土材料的选择上，石塑黏土相比于其他材质的黏土材质或泥料材质重量适中，超轻黏土轻飘，泥料材质笨重。并且石塑黏土质感、手感较好，所以石塑黏土最适合做佩戴于人身上的小饰品。

颜料选用覆盖性强、易干、异味小等优点的丙烯颜料，它适用于石塑黏土的白坯上色。最后选用防水光面上光油来进行收尾和提亮，整体风格卡通、可爱、时尚，如图6-12所示。

1.石塑黏土：石塑材料易塑形且轻便，干之前可以手动塑性，作品完成后不太缩水，只要与空所接触就会凝固。便于削切、适合制作动物、物件、人物、食品、蔬菜瓜果和果篮。

2.切割板：切割板表面比较光滑，并且耐于使用，用于当作制作时做粘土的一个底座小平台。

3.丸棒、刻刀：帮助给石塑黏土进行塑造形状，可以更好地制作一些比较细小的地方。

4.亚克力板：可以用于压泥、制作一些长条形的东西，帮助捏制粘土，或者可以将黏土放在这个板上进行更加细微的制作。

5.磨砂纸：用于打磨已经捏治好并且风干了的黏土，使得粘土表面更加光滑。

6.丙烯颜料：给已经打磨好的黏土进行上色绘制。

7.亮油：薄刷一层至已经完成并且上色好的黏土，使得粘土表面更加光滑亮丽，富有质感。

8.喷壶：在制作过程中适当的给黏土进行补水。

图6-12　材料图（作者：熊慧琳）

（四）制作阶段

材料备齐后开始制作，此过程需要不断实验和调整工艺方法。

1. 制作黏土白坯

（1）根据设计图尺寸取一块大概同样大小的黏土，需要注意的是黏土切开后将无法重新恢复原状，所以一定要尽量估算好用料。

（2）先捏出大致形态，因为手并不能精细的刻画细节，所以这一步需要使用工具：亚克力板和亚克力棒可压平石塑黏土使其表面光滑；雕塑刀用来切割；丸棒用来制作光滑平面的半圆形凹陷；毛刷用来制作肌理。

（3）制作过程中要特别注意湿度变化，石塑黏土需要水分来保湿。一旦干燥就无法继续制作。水分过多会使黏土融化于水，无法成形；水分过少会使黏土在后期晾干时出现开裂。

2. 晾干

（1）在温暖干燥的室内大概需要一天左右，需要根据室内温度和湿度来看。

（2）避免暴晒，否则会开裂。

3. 打磨

（1）使用400～2000目的砂纸来进行打磨。对前期黏土坯进行塑型的时产生的指纹或肌理进行打磨。

（2）先使用400目砂纸进行粗打磨，将白坯磨制圆润。再使用2000目砂纸进行细打磨，将白坯变得光滑细腻。

（3）打磨完成后轻轻用毛刷拂去粉尘。

（4）打磨时需佩戴口罩，以防灰尘吸入鼻腔。

4. 上色

（1）蘸取丙烯颜料进行上色，尽量少加或不加水，否则石塑黏土遇水容易化。

（2）这一步需使用镊子等固定白坯，要将丙烯颜料完全覆盖白坯。

5. 上光

蘸取少许上光油轻轻覆盖在半成品上，上光油呈现泛白稀糊状，随后会慢慢变得透明。不同品牌和功能的上光油晾干速度不同，等上光油变得透明后可以轻轻触碰，如果表面光滑且固定则上光完成。

6. 安装配件

将提前购置的金属配件用镊子、钳子安装在预留的饰品孔洞里，然后用胶水固定（图6-13）。

（a）　　　　　　　　　　　（b）　　　　　　　　　　　（c）

（d）　　　　　　　（e）　　　　　　　（f）　　　　　　　（g）

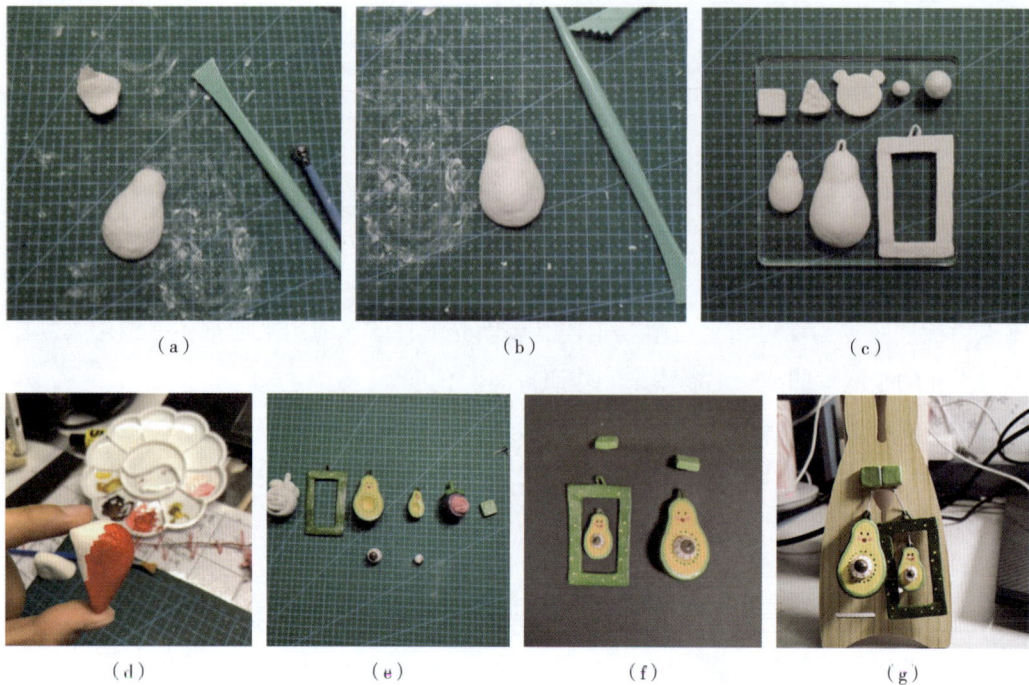

图6-13　制作过程（作者：天津工业大学 王若彤）

（五）成品展示

首饰制作成品展示如图6-14～图6-17所示。

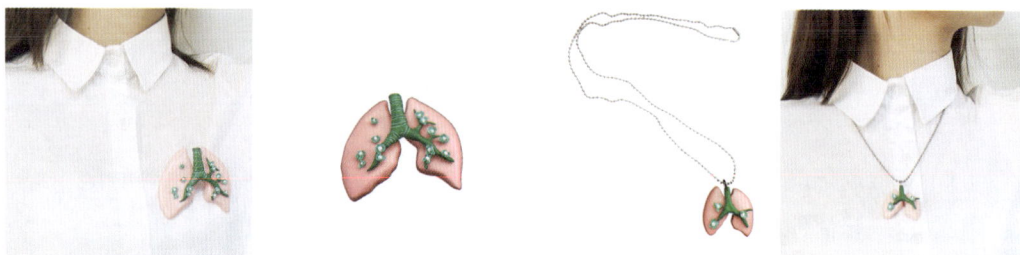

图6-14　实物展示（作者：王若彤）

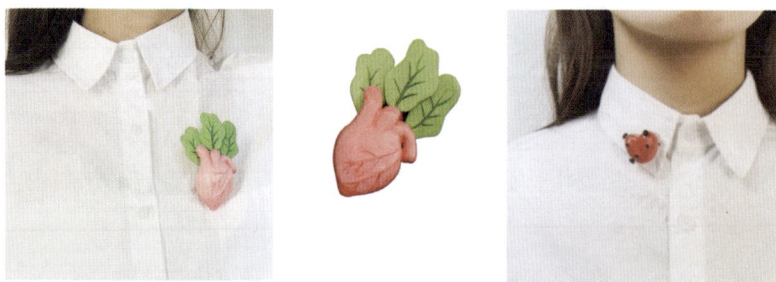

图6-15　实物展示（作者：王洪娟）

图6-16 心肝宝贝系列实物展示（作者：吴欣颐）

图6-17 心肝宝贝系列实物展示（作者：熊慧琳）

五、首饰与服装的搭配

首饰的种类、质地、造型、色彩千差万别，而佩戴首饰的每个人也各有各的特点，同一种首饰佩戴在两个不同的人身上，会产生不同的效果。应该处理好首饰与服装之间的搭配关系。

（一）首饰与服装搭配要协调

首饰和服装是密不可分的组合，单一追求服装美或首饰美，都会使人感到不完整、不协调，唯有使首饰在款式、色彩上与服装相配，起到点缀的作用，才会使人感到整体、和谐之美。

（二）首饰风格、色彩应与服装协调

首饰的风格、色彩应与服装相互呼应，首饰的价值、款式也应与服装协调一致。豪放、粗犷风格的服装，选用首饰的风格应热情奔放、粗大圆润、光亮鲜艳；轻松、简洁、面料高档的直线型时装，配上抽象的几何形耳环、项链等首饰，有一种稳重、温柔之感；带有民族风格的服装，配以银质、贝壳、竹木、陶瓷等首饰，更有一番乡土民风和返璞归真的情趣。在色彩上，首饰的色彩与服装的色彩可以是同类色相配，也可以是在协调中以小对比点缀，如黄色系列的丝绸服装配以浅紫色首饰；素色的服装配以鲜艳、漂亮、多色的首饰；艳丽的服装配以素色的首饰等。

（三）首饰佩戴应与个体协调

首饰的佩戴还需要注意与个人仪态和性格相协调。一般来说，体胖、脖短的人不宜佩戴大颗粒的短串珠，以避免看上去脖子更短。瘦高的人宜佩戴相对较短的项链或多层组合颈链，使过于突出的脖颈用饰物点缀而得到掩饰。瘦小的人不宜佩戴过分粗大的首饰，佩戴小巧、精致的首饰能够使人产生娇柔、伶俐之感。胸部不丰满的女性不要为了显露项链而穿低领服装，佩戴合适长度的项链能够弥补这一缺点。如选择吊坠时，一般认为三角形适合个性活跃者；方形适合有事业心的女士；星形适合爱幻想的少女；椭圆形适合稳重成熟的妇女。对男士来说，首饰结构多用方形，给人以威震四方的稳重感。

六、首饰的设计、材料及制作工艺

（一）首饰的设计

首饰设计主要围绕造型、图案与色彩三方面展开。

1. 首饰的造型要素

首饰的造型设计构成元素是点、线、面的合理组合以及色彩、质地的合理搭配，由不同材质、不同形状的点、线、面，通过排列、组合、弯曲、切割、编结等方法，产生疏密、松紧、渐变、跳跃、对称、对比等变化，达到造型上的整体性、和谐性和完美性。从造型上看，骨架格式的排列、首饰材料质感和色彩的搭配，局部外形形状的磨制和组合以及首饰外形、角度的设计等，在首饰设计中都是非常重要的。

造型设计，首先要依据人体的装饰部位来决定。如项链是围绕人体颈部进行装饰的，它的长度至少能够围绕颈部一周。在此基础上，项链的长度可由设计师根据设计构思来决定。常规的长度在40~300cm，当然也有更长的设计，使佩戴者能够根据需要临时改变外观效果。根据不同的材料，有链式、珠串式、鞭式、辫式、浮雕式、金粒镶嵌等许多造型。手镯是依据人体手腕部的特点而设计的，有宽、窄、大、小、开口、合口等区别，但不能超出手腕粗细的范围，太大手镯易脱落，太小则不能套入手腕，一般单圈手镯长度在 20 ± 2cm 之间。

2. 首饰设计的图案要素

首饰图案的灵感一般来自四个方面。

（1）继承传统首饰中的精华，加以重新塑造，设计出新的纹样。

（2）从各民族民间首饰中汲取灵感，将本民族风格与其他民族的风格融合起来而得到崭新的图案形式。

（3）从绘画、音乐、舞蹈、建筑、陶瓷等艺术中寻找启示。

（4）从美丽、神奇的大自然中获得图案创作的灵感。它是首饰创作最广阔、最重要的源泉。从自然的山川景色、花草鱼虫到人造的各式风景、幻想出来的理想形象，无一不在首饰中得到表现。

人们的社会意识、宗教信仰和风俗民情也对首饰图案的选择和造型产生了一定的影响，现代众多首饰设计师都从民族传统文化中汲取创作灵感，用以表达最新的设计理念。还有许多首饰，讲究几何图案造型，以规则的圆形、方形、曲线交叉组合形成简练的纹样，线条清晰明快，点、线、面组合自然得体，使首饰有稳定、均匀、有比例的美感，如图6-18所示学生作品。

3. 首饰的色彩要素

首饰的色彩主要取决于首饰材料天然的色泽及人工的搭配。金、银的色泽与宝石色的搭配极易和谐；大多数钻石自身虽无色，但却能充分地折射出许多颜色，并且光芒四射；红、蓝宝石纯正耀眼的色彩使人们心旷神怡；珍珠所表现出来的奇妙、神秘、含蓄的色彩使众人入迷。所有的首饰都以奇幻美丽的色彩来打动人心。

首饰的色彩设计和搭配，讲究和谐完美、典雅高贵，常有数种搭配与设计方式。

（1）充分利用单一首饰材料的自身色彩和光泽，达到浑然天成、自然高雅的效果。这种方式运用较为广泛，如金质项链、银手镯、水晶饰品等。以珍珠为例，珍珠本身具有柔

（a）刺绣颈饰
（作者：李灿）

（b）刺绣颈饰
（作者：王丽智）

图6-18　颈饰设计

和雅洁的珍珠光泽和色彩，有乳白色、银白色、粉红色、浅茶色、褐色、黑色、蓝色、青铜色、铅灰色等数十种之多。在设计珍珠首饰时，一般以同色珍珠相串，或单串，或多串组合，使珍珠首饰看上去柔和美观。

（2）利用同一材料的不同色彩进行搭配设计，如耳坠中各色水晶的搭配、黄金与铂金搭配等。

（3）利用不同材料、不同色彩的搭配，这也是首饰设计中应用广泛的设计方式。例如，金银与珠宝结合，合金与纺织品或皮革相配，彩色钻石镶嵌于铂金之上，在黄金首饰上镶嵌玉、猫眼石，黑色丝绒上点缀颗颗闪亮的银钉，银白色的首饰上饰满黄色的琥珀，等等。

（二）首饰的材料

无论是首饰的制作者还是佩戴者，对首饰的材料都十分关注。人们不仅讲究材料的价值，更追求其新颖与独特。首饰发展到现在，所用的材料在不断地发展与创新，出现了除贵重金属以外的各种新型材料，极大地丰富了首饰的式样与风格，也满足了各个层面消费的需求。首饰的材料可以分为贵金属、普通金属和非金属材料。

1. 贵金属材料

尽管首饰材料的品种非常多，但贵金属仍然占有绝对的比例。人们提到首饰，自然会想到黄金、铂金、银等贵重金属。因为贵金属外观美观、耐腐蚀、耐用且稀少、有保值价值。贵金属主要包括黄金、铂金、K金、银等。

2. 普通金属材料

随着科学技术的发展，普通金属材料被大量应用到首饰中，在当今的市场上扮演着十分重要的角色。在许多有创意的贵金属首饰中也有相当比例普通金属材料的运用。在一些国际知名的首饰设计大赛中，可以看到黄金、铂金、钻石与普通的丝带、皮革、钢铁等材料并用的现象。在首饰中加入普通金属材料，更显示出其独特的设计个性和强烈的吸引力。

普通金属主要是指那些仿铂金、仿黄金、仿白银等贵金属特性的金属材料。这种金属以铜合金为主，模仿黄金，还有镍合金、铝合金用来模仿铂金、白银。这些合金中往往还加入锌、镉、铅、锡以及其他一些稀有元素。普通金属有的色泽与抗腐蚀性已经达到略亚于黄金的水平，是制作低价首饰的最佳材料。

3. 非金属材料

首饰中非金属材料的种类更加丰富，有的直接来源于自然界，如各种动物的骨骼、牙齿等，各种贝壳，各种竹、木，植物的叶、枝、筋脉等，各种宝石、半宝石以及非宝石级的石材，羽毛、皮革与裘皮等。还有的来自人工世界的人造物，如各种塑料、纺织品、玻璃等。这些材料有的十分珍贵，如钻石等，也有的十分廉价，如植物枝叶及塑料等，但是如果将它们应用得当，将会创造出十分有个性甚至是有市场价值的首饰。由于现在市场对个性化首饰的需求越来越大，非金属材料的运用将越来越多，也越来越被首饰设计师看好。

众多材料的开发和利用，使首饰设计的创作思路更为活跃，具有更广阔的创作空间和发展潜力。不同的材料本身具有不同的肌理特征、色彩、纹理和独特的外观造型，利用这些材料特殊的肌理结构和外观特点进行综合设计，能够使现代首饰呈现出更加多样化的艺术风格，表现出自然、返璞归真和环保的理念。

（三）珠宝首饰的制作工艺

在几千年的发展过程中，世界各国、各民族通过其世代珠宝匠的不断探索及研究，创造了丰富多彩的具有本民族特色的首饰加工技术，为人类珠宝首饰的发展做出了巨大的贡献。珠宝首饰可以说是一种综合性的工艺，包括了金属锻造、珠宝镶嵌、点翠、烧蓝等。这里简单介绍首饰制作的一些主要工艺、主要工具和设备以及一些简单的制作方法，让大家对珠宝首饰的制作有所了解。

1. 珠宝首饰的基本部件

珠宝首饰的种类繁多，但从材料上可划分为嵌宝首饰和不嵌宝首饰两大类。将嵌宝首饰分解后可以看到，一般部件有齿口、坯身、披花、功能装置四种。

（1）齿口：是指固定宝石的部分，它除了有固定宝石的作用外，有些齿口还带有一定的装饰性，如梅花齿口、菊爪齿口等均能体现出齿口的装饰美。齿口的式样很多，有锉齿齿口、焊齿齿口、包边齿口、包角齿口、挤珠齿口、轨道齿口等，根据不同宝石、不同形状和设计的要求，合理选择不同式样的齿口是保证首饰质量与美观的重要前提。

（2）坯身：是指首饰的大身部分，也可以说是首饰的骨架。齿口、披花、功能装置都附设在坯身上。坯身的款式范围很广，除因首饰种类不同造成坯身不同以外，即使是同类品种的坯身也是千变万化。在确定宝石和款式的前提下，选择不同式样的坯身，目的是承受齿口和披花的需要。

（3）披花：是指环绕齿口和坯身之间的连接花片，具有强烈的装饰性。披花是根据宝石的大小和设计意图由一种或多种花片、丝、珠等组成的图案，一般点缀在宝石周围。披花分为传统披花和几何披花两类。各类不同的披花形成风格各异的装饰部件，目的是在突出宝石的前提下，增加首饰的装饰美。

（4）功能装置：是指首饰在使用时具有一定功能的部分，如项链的扣、胸针的别针等，这些功能部件除了要求精巧外，功能性要求较高，否则首饰在佩戴时就会容易脱落。

2. 制作珠宝首饰常用的工具

珠宝首饰制作需要依靠一些基本的手工工具和机械设备。手工工具十分重要，即

使是在当今机械制作很普遍的情况下，也仍然起着重要的作用。

常用工具种类丰富，但归纳起来有以下主要工具：

（1）模具：又称花模，是在钢板上刻制出各种花纹、字样、线、点、凹凸等造型的模具。金银材料在模具中经过压力机的冲压，即可获得各种造型图案的配件。首饰除了用机器冲压以外，还可以用手工敲打成型或者用灌注法制作蜡膜和石膏模。

（2）焊具：由脚踏鼓风机、煤气罐、焊枪、皮管组成，用来焊接金属和使金属退火的。在使用焊枪时，一定要注意掌握火力的大小、聚散、时间、焊点，并要注意安全。

（3）锉：是在整理工件的外形及表面时所用的锉刀，是首饰加工中最重要的工具，也最能体现工匠的基本功。锉刀有不同的规格和形状，以其断面的形态来分，锉刀有板锉、半圆锉、三角锉等。锉刀的锉纹根据粗细可分为粗纹、中纹、小纹、油纹，粗纹用来整理外形轮廓，中纹、小纹用于整理细节，油纹是整理表面。

（4）锯：使用锯弓在工件上锯出狭缝、圆洞，或锯出需要内外轮廓的工具。

（5）錾子：修整首饰表面和在首饰表面进行装饰处理的工具，其重点是后者。錾子头上有各种花纹，可以直接在金属表面敲打出花纹。

除此之外，还有锤、钳、镊子、刮刀、牙刀、剪、铁礅、戒指槽、球形槽、戒指棍、线规、尺等。

3. 常用设备

珠宝首饰制作的设备很多，有熔炼设备、轧片拉丝设备、蛇皮钻、批花机、链条机、浇铸设备、抛光机等。

4. 基本制作工序

珠宝首饰的制作工序根据首饰的款式及设计要求的不同而繁简不一，简单介绍以下基本方法。

珠宝首饰制作的前道工序主要指熔炼、轧片、拉丝。

（1）熔炼：开采出来的矿金、沙金都是生金，需要经过熔炼、提纯后，再制成丝、条、片、板等，或根据需要加入其他金属制成各种成色的K金材料，才可以进行加工。一般用电阻炉、高频或中频感应炉，或者用煤气炉燃烧加热。所用的坩埚除生产上常用的石墨黏土坩埚外，还可以用氧化铝坩埚。铸模一般用铁铸模、铜铸模以及石墨模。

（2）轧片、拉丝：这道工序是首饰生产、制作不可或缺的前道工序。正确掌握此道工序的要领是提高效益、降低损耗的重要途径。

经过以上前道加工工序后，就可以进行正式加工。加工时，可根据设计需要选择焊接、锯、锉、錾、敲打、抛光等工序。

（四）珠宝首饰制作实例

如图6-12所示，下面银质耳环制作实例全程由天津工业大学2018级服装设计专业学生梁天文完成，整体效果较好，供参考。

　　绘制主题板、效果图，如图6-19、图6-20所示。

图6-19　主题板（作者：梁天文）

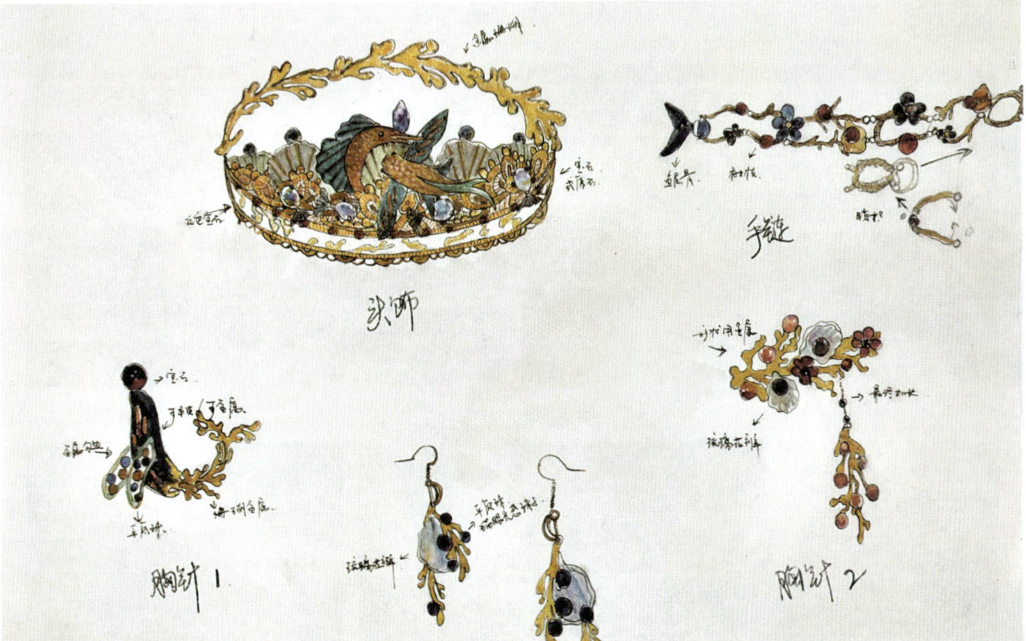

图6-20　效果图（作者：梁天文）

1. 制作模具

这里选取的是蜡版，如图6-21所示。先量取你所要制作耳环的大小，在这个大小之内，画出要制作的首饰，之后延边将模型取出。如图6-22所示，用手磨机反复地雕刻出与你想要完成的样子。在雕刻蜡的过程中一定要小心，蜡雕磨过细就容易断裂。手磨机有不同的钻头，可以呈现不同的效果。如图6-22（f）所示为最终模具雕刻的完成。

（a）　　　　　　　　　　　　　　　　　（b）

图6-21　制作模具

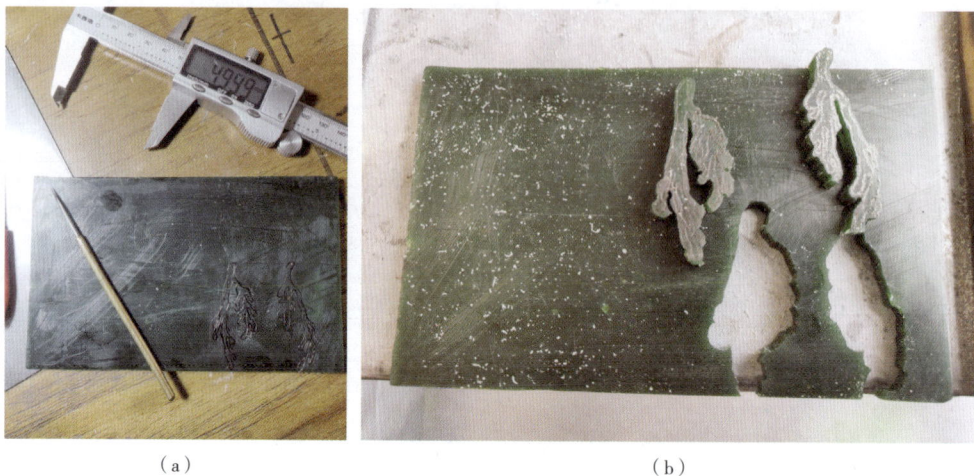

（a）　　　　　　（b）　　　　　　（c）　　　　　　（d）

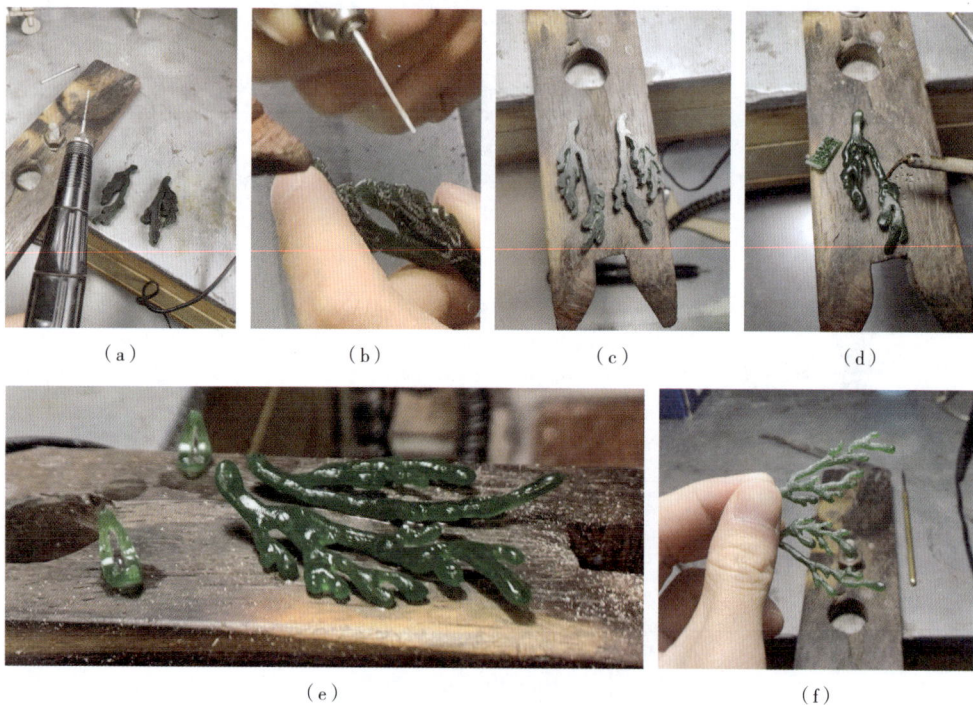

（e）　　　　　　　　　　　　　　　　　（f）

图6-22　蜡版雕刻

2. 进行翻模

用一根与模具差不多粗细的蜡棒，与模具焊接好，蜡棒起支撑作用，将模具撑起，如图6-23（a）所示，随后整体放入倒容器中，任何一个可置放下焊接好后的模具的容器均可。随后，进行石膏粉的配比，石膏粉与水的配比是100∶28，石膏粉与水接触越充分，石膏的硬度越高。将配比好的石膏倒入容器当中，没过模具静置等待冷却，再放入烤炉进行烧制。翻模步骤完成，如图6-23（b）~图6-23（d）所示。

3. 注模

将银烧至液态，从蜡棒底部灌入，蜡会随之挥发，如图6-24（a）所示。将模具放入水中等待冷却，打碎石膏，取出银饰，如图6-24（b）所示。之后，再一次用手磨机进行抛光打磨，随后装上耳针，完成效果如图6-24（c）所示。

4. 装饰

待银部分完成后就是装饰步骤。将珠子钻出小孔，在银饰上焊上同孔大小的银针，根据设计位置装上珠子如图6-25所示。耳饰中心部分则是由树脂胶与贝壳碎片结合制作而成。完成之后用珠宝胶与银饰固定。完成效果如图6-26所示。

| （a） | （b） | （c） | （d） |

图6-23　翻模

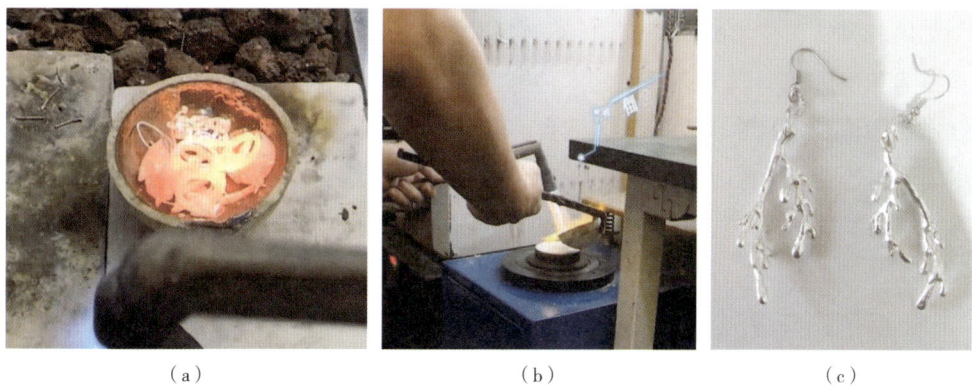

| （a） | （b） | （c） |

图6-24　注模

（a）

（b）

（c）

图6-25　装饰

（a）

（b）

（c）

图6-26　耳环设计"深海系列"完成图（作者：梁天文）

第二节　花饰的设计与应用

花饰是一种含蓄、无声的语言。在古今中外服饰艺术史上，花饰品充分展示出艺术、文化、风格和技术的精华与内涵，它同民族习俗、时代特征以及社会经济等因素相互影响和渗透，形成了特定的艺术种类，并取得了很大的成就。花饰风格独特、艺术性强，无论是大自然中艳丽飘柔的自然花朵，还是人工修饰的创作形态，都给人以无尽的艺术享受。人们从大自然中采集色彩艳丽、造型美观的花朵、枝叶、果实等物品，将它们佩戴在头颈、身体和手臂上，表现出人们对自然美的热爱、崇敬和向往。

一、花饰的发展历史

（一）中国花饰发展历史

我国花卉品种众多，象征富贵的牡丹、表达爱情的芍药、出淤泥而不染的莲花、傲雪寒霜的梅花和清雅素洁的兰花等题材，与人们生活息息相伴，并升华为美学、文学、艺术的高度，用于表达情思、抒发情感，或以装饰手法来畅神达意。不同历史时期，人们对花卉的认识和应用存在着差异。

原始时期，人们多把奇花异草披戴于身上，或将花卉之美注入日常用品的制作中，或在居住的环境中装饰美丽的花卉。此时，原始的花饰概念已初步形成，并且不断完善。当纺织技术发展之后，人们将自然花卉加以综合概括，织入或印在纺织品当中，借以表达对美的认知和感悟。

东汉末年，由于佛教的传入，人们对花卉的选择和应用开始有了较明确的概念，许多形式明显带有宗教色彩和意义，在花卉品种的选用中多莲花、忍冬花、牡丹花等，装饰形式以供花、室内插花和头饰花为主。从装饰意义上来说，花饰除对服装本身的修饰之外，还体现出人们对自然、艺术的认知，有时还在某种程度上反映出当时人们具备的文化与艺术素养。

隋唐时期，由于经济上较为繁荣，对外交流频繁，使社会发展较快，文化艺术进步，因此人们对服饰装扮的追求也更高。用花饰的形式装扮服装、头饰，开始注重题材的意境、花卉的品位。在不同的服饰形式中，花卉的选择讲究搭配，区别名花与一般花卉的用法，同时讲究花饰与服装中花卉图案的整体搭配，如图6-27所示。

到了宋代，花饰艺术得以进一步普及。受宋代理学的影响，那时的人们十分注重人的内涵，常以花卉影射人格，表达人生的抱负和理想，因而形成了以花品、花德寓人伦教化的"理念花"，如图6-28所示。

图6-27 《簪花仕女图》局部（唐 周昉）

图6-28 宋高宗皇后像

花饰在明朝时期达到鼎盛阶段，它在技艺、理论上已相当成熟、完善。鲜花虽美，但无法久留，常需更换，那时苏州一带已有用丝绸、绒绢或通草等材料制的仿真花来代替鲜花。这种仿真花制作精致逼真，又可耐久，也为妇女们所崇尚，与自然花饰一道流传下来。明朝的花饰，强调自然抒情的风格和优美朴实、淡雅明秀、简洁的造型，如江南一带的花饰以茉莉、素馨、蕙兰、夜来香、牡丹等为妇女的最爱。

直到清代，民间女子插花于发际的习俗仍流行不衰，因此在许多地区都有专门培植鲜花以供使用的花圃。

（二）西方花饰发展历史

西方花饰艺术起源于地中海沿岸，具有悠久的历史。在古埃及墓中已有瓶插睡莲的壁画，法老与干燥的花瓣共室同眠。

欧洲各个时期都有不同风格的花饰品流传，或饰于衣裙之上，或饰于发际之间，或饰于巾帽边缘。花环和花冠是人们最常用的装饰物，古罗马时期贵族妇女就会佩戴花冠饰物。

18世纪的欧洲，花朵大量被装饰缝缀于服装之上。这个时期的欧洲正处于装饰华丽、烦琐的洛可可时代，花的使用正是洛可可风格的体现。贵族小姐的衣饰中，到处可见花卉的踪影。除了衣料上印花外，衣服的褶边装饰镶满了花环、领口上有花、衣领上有花、头发上也有花，花饰也常常戴在肩上或镶在颈前的彩带上。从裙的腰间到裙子边缘，都饰有花朵彩环，如图6-29所示。

图6-29 《蓬帕杜夫人》画像中身着花饰服饰（德　布歇）

二、花饰的分类

（一）按照材料分类

按照材料，花饰可分为天然花饰品和人造花饰品。

1. 天然花饰

天然花饰主要分鲜花花饰和干燥花花饰两类。干燥花花饰以新鲜的花卉经过干燥后呈现自然色泽或利用染色增加色彩感的干燥花花饰制成。此种花饰因在干燥过程中会产生脱水现象，以致枝干萎缩或易于断裂，因此使用前必须以铅丝固定，以免受损。用干燥花制成的服饰用花，造型相当别致，也有用干燥花茎、叶等结合羽毛，装饰珠子等，缠绕上毛线或铁丝，制成比较抽象的花饰，称为新风格花饰，常装饰在职业装上。与鲜花花饰相比，干燥花本身的质感较硬，色泽暗淡，但却有其特殊的气质和表现方式。

2. 人造花饰

人造花饰主要是以布、花边、皮革、毛皮、金属、工艺石、黏土、纸、线、塑料、特殊树脂等为材料，模仿自然花卉的形态，通过某些特定工具或方法制作出装饰性花朵。将这样的立体花饰点缀在服装和人体上，从而达到增辉添彩的效果。人造花饰主要包括布花、丝袜花、钩编花、水晶花、黏土花、纸花、金属花和石材花等。

（二）按照应用场合分类

1. 用于婚礼庆典中的花饰品

婚礼庆典用到的花饰品主要有新娘手花（捧花）、头花、肩花、腕花和胸花。花饰可用鲜花，也可用人造花，如图6-30所示。

2. 用于社交礼仪花饰品

在18世纪欧美的一些正式社交场合中，人们就已经习惯于在衣服上佩戴花饰。如今，在某些正式场合，佩戴花饰的传统依然保留着，如各类庆典、开幕式、酒会等隆重的礼仪场合，作为嘉宾的男、女宾客都要佩戴胸花，有时还要佩戴肩花和腕花等。男士胸花可以插在前胸的胸袋或者驳头上的插花眼，必要时用别针固定，女士胸花形式各样，种类繁多，合适的花饰不仅可以调和色调，更能营造无可替代的华丽效果，如图6-31所示。

图6-30　婚庆时的花饰　　　　　　图6-31　社交礼仪花饰品

3. 用于日常生活中的花饰品

花饰品的独特性在于人们可以对其进行多样性创意设计，其丰富的色彩及造型可以适应不同的场合，并可以与服装进行多样性搭配。在日常生活中，职业女性可选择佩戴玫瑰花和兰花等经典花饰，可以使时尚与经典和谐统一，彰显出职业女性端庄高雅、干练独立的气质；少女天真活泼，可选用浪漫的小碎花饰品，如图6-32所示。佩戴花饰时，最好不要佩戴其他过多的宝石首饰，否则风格冲突，会影响整体的和谐。

三、花饰与服装的搭配

花饰品可装饰于服装的不同部位，常见的如服装的领口、袖口、肩部、背部、胸部、腰际、下摆等部位。花卉的造型可以为单独的大型花朵，也可以是一束或一小丛的小型花朵、叶片、蝴蝶结等。花卉的材料、色彩、造型都应与服装的款式、造型、面料、色彩相适应，否则会出现孤立、不和谐的现象。服装局部装饰花卉，多用于晚礼服、舞台服装、便装、西装、休闲装以及童装中，如图6-33所示。

图6-32　戴花饰的少女　　　　图6-33　局部装饰花饰

四、花饰的设计

（一）花饰品的造型设计

花饰品包括天然花饰品和人造花饰品。人造花饰品的造型包括点状造型、线状造型以及面状造型。点状造型的花卉有百合花、郁金香等大点造型，也有雏菊等小点造型。大点花卉可以独立造型，小点花卉可以利用一定的数量来烘托气氛。线状花饰品具有飘逸的外形，有利于外轮廓的造型。面状花饰品花朵成扁平状。总之，无论何种造型的花饰品都是集多种花卉造型的色彩及结构精华，经过精心的设计与变化，给人以视觉上的美感。

（二）花饰品的装饰形式

花饰品的装饰形式呈现出多样性。花饰品以不同的装饰手法、装饰部位来营造立体的服饰效果。在服饰整体的装扮中，运用花饰品装饰主要有点缀装饰和独立装饰两种。对服装的修饰与点缀即利用合适的装饰手法与材料，使原本看起来单调的服装产生层次、色彩和格局的变化。独立的花饰品装饰主要指社交礼仪及喜庆场合所用的花卉首饰、头花、胸花、花冠装饰等。其设计讲究突出花卉特征，色彩的组合以及数量的多少，在一些特定的场合可以烘托服饰的整体风格和环境气氛。

五、花饰的制作工艺

花饰是常用的装饰品，人们使用花饰能使服装、服饰等更富生机，从而起到画龙点睛的作用。人们以各种材料按照自然花卉的形状、色彩、质地来加以制作，形成各种仿真花卉，如绢花、布艺花、丝袜花、水晶花、真皮皮花等。由于自然花卉千变万化，形态各异，因此制作花卉时必须考虑所设计花卉的质感、花型特点，以选用相应的材料及工具。

（一）制作材料

（1）布、丝带：花饰品制作材料主要有布、丝带。布包括棉布、纱、绸；丝带材质有丝、绸、缎、棉、绒网纱等，幅宽从0.5cm到10cm等多种规格，色彩图案丰富多彩。

（2）辅料：如花蕊、各种珠子、水钻、纽扣，缝线和铁丝。花蕊也称花芯，市场上有各种成品花蕊，也可用布做成小球代替。花饰可根据需要装饰各种珠子、水钻、纽扣。缝线和铁丝常用于固定花结和组合饰品配件。

（3）饰品配件：饰品配件用于制作胸花、头饰等饰品。常见的有安全别针、发夹、发网等。

（二）制作工具

制作工具有笔、尺子、剪刀、针和大头针、打火机、胶枪、双面胶、胶水等、镊子。笔用来作标记，最好用水消笔或气消笔。尺子用来确定尺寸或是画直线。剪刀用来剪断材料。针和大头针用于缝制和固定。打火机为防止脱纱，常用打火机烧烫毛边。胶枪用于粘贴花瓣、叶子或组合花形，以及粘贴饰品配件等。为方便拿取常使用镊子。

制作不同材料的花饰使用的工具也不尽相同。例如，制作"丝袜花"，需要的工具有剪刀、铁钳及各尺寸的套筒。相对而言，制作仿真花饰的工具相对复杂些。另外，如果要染色的话，还可准备一些纺织染料和刷子等工具。

（三）花饰的制作实例

在制作花饰之前，应先明确制作花饰的主题，比如，写实性、模仿自然花形，或是根据自然花形略作夸张变形，也可设计成完全脱离自然花卉形态的抽象形作品。确定好主题以后，选择合适的面料以及其他材料开始制作。以下是蔷薇/玫瑰、郁金香布艺花的制作过程。

1. 蔷薇花/玫瑰花的制作

花朵造型实例选用蔷薇、玫瑰。花瓣的数量根据花朵的大小、造型不同有所改变。蔷薇制作成需花瓣为11片；玫瑰大花为15片，小花为5~6片。花朵造型大，所需的花

图6-34 准备材料、工具

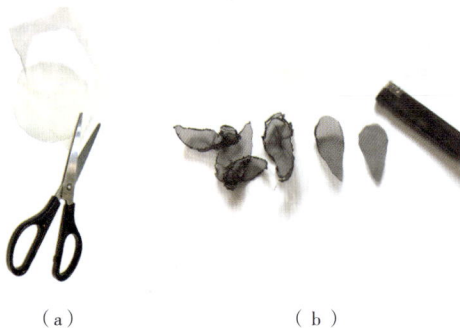

（a）　　　　　　　　　　（b）

图6-35 裁剪花瓣

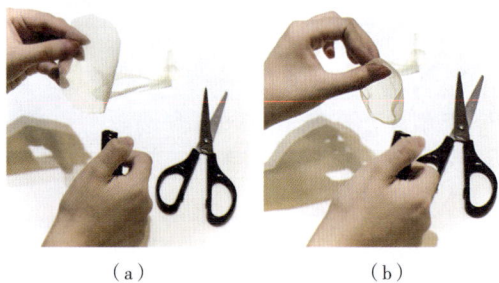

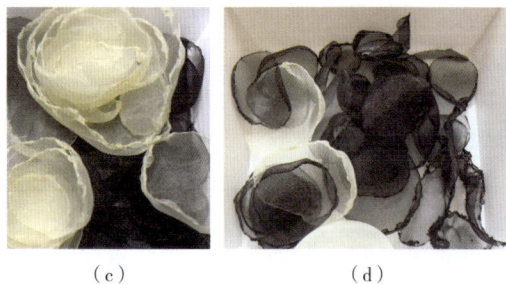

（a）　　　　　　　　　　（b）

（c）　　　　　　　　　　（d）

图6-36 打火机烧形（作者：刘馨泽）

瓣数量就增多。下面蔷薇花、玫瑰花制作实例全程由天津工业大学学生刘馨泽完成，供参考。

（1）准备材料、工具。材料选择加密2040欧根纱黑色、香槟色各一块，4mm的白色、金色耐高温刺绣亮片，2mm珠光米珠，2米长的白丝带，白色纸包1mm、0.8mm的软铁丝，白色、浅香槟色的石膏花蕊。工具有打火机、剪刀各一个，30ml针头万能胶水，如图6-34所示。

（2）制作花瓣。

①裁剪花瓣。把布料剪成需要花瓣的形状大小，在此选用了两种花瓣造型。第一种是水滴状用来做半开花；第二种是圆形用来做全开花，分别大小不一裁剪数个，如图6-35所示。

②打火机烧形。用打火机烧至花瓣边缘一周，确认不会脱丝后，用打火机由外向里逐渐烧制，使纱片四周受高温弯曲向里，注意打火机的温度，温度过高会烧破。花瓣做好后，准备进行下一步，如图6-36所示。

（3）制作花蕊。

①拿一根铁丝将其对折弯曲，把要用的几根花蕊同样对折，穿过铁丝中间，放到弯折处，用胶水固定，如图6-37所示。

②装饰花蕊。把金色、白色亮片，珠光米珠利用胶水粘到花蕊与铁丝的连接处，进行装饰。铁丝一周可以粘三面，每面都有3~5片亮片，呈现三角体；珠光米珠也可以进行装饰，米珠在花瓣根部进行堆积粘连包裹住铁丝，这样使花蕊更精致，如图6-38所示。

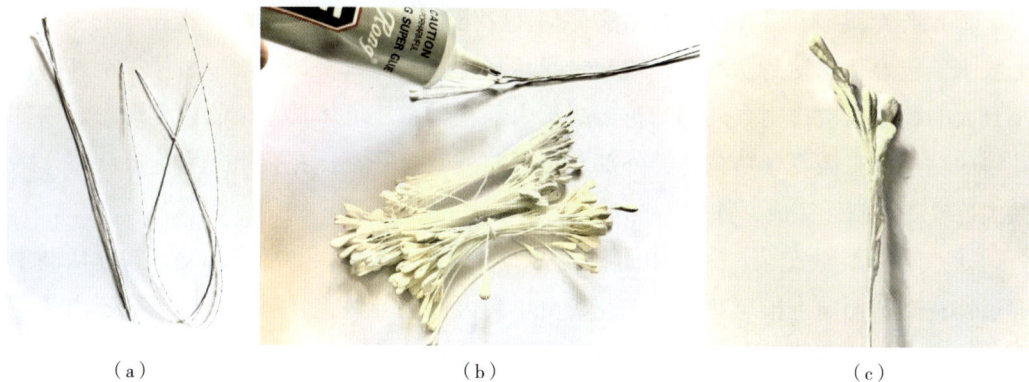

（a）　　　　　　　　　　（b）　　　　　　　　　　（c）

图6-37　制作花蕊

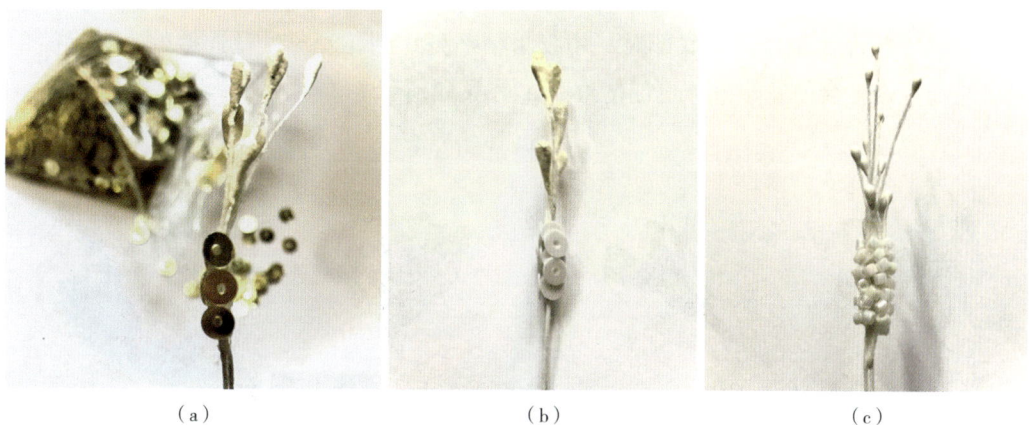

（a）　　　　　　　　　　（b）　　　　　　　　　　（c）

图6-38　装饰花蕊

（4）制作花朵。把准备好的花瓣根据花朵的需求，利用两种方法将花瓣粘在铁丝与花蕊的连接处，花瓣逐渐堆积叠压，最终形成漂亮的布艺蔷薇花、玫瑰花。

①制作半绽放花朵（中间破洞法）。花瓣中间剪出小洞，铁丝从洞中穿过，花瓣里侧向上，推至花蕊处。将花瓣按压出大量皱褶紧贴花蕊，把胶水大面积抹在内部花瓣里面，将最内部的花瓣紧贴花蕊，外部花瓣在粘连时也需与内部花瓣靠紧，展现出含苞待放的美感，如图6-39所示。

（a）　　　　　　　（b）　　　　　　　（c）　　　　　　　（d）

图6-39　制作半绽放花朵（中间破洞法）

② 制作半绽放花朵（逐层粘贴法）。黑色花瓣是上圆下尖的形状，在花瓣的尖端抹上胶水，包裹状态粘到铁丝上，花瓣之间相互叠压排列紧密。花瓣按照从里至外、由小到大的顺序依次排列。外部的花瓣高于内部花瓣，才可体现花朵的包裹形态。内部花瓣的粘连状态需要紧贴花蕊，外部花瓣可向外微打开，让花朵呈现半绽放状态。一朵黑色玫瑰就制作完成，如图6-40所示。

③ 制作全绽放花朵。采用中间破洞法，用剪刀在花瓣中心剪开小洞，铁丝从洞中穿过，花瓣凹面向上推至花蕊处。花瓣由小到大逐层堆叠，外部的花瓣要高于内部花瓣。将最内部花瓣紧贴花蕊，花瓣依次堆叠，胶水粘连面积也依次由大变减小，花瓣根部一定要粘牢固，让外部花瓣向外打开，同时手指折压出褶皱并固定，使其呈现完全绽放状态。一朵全开香槟色玫瑰布艺花制作完成，如图6-41所示。

④ 添加装饰。制作花朵底部时，用胶水粘贴亮片到花蕊与铁丝连接处，进行简单遮盖装饰，这样会使花朵整体更加精致，如图6-42所示。

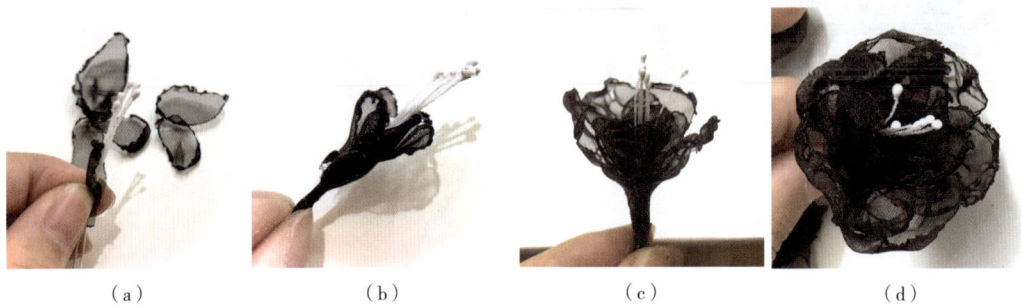

（a）　　　　　　　（b）　　　　　　　（c）　　　　　　　（d）

图6-40　制作半绽放花朵（逐层粘贴法）

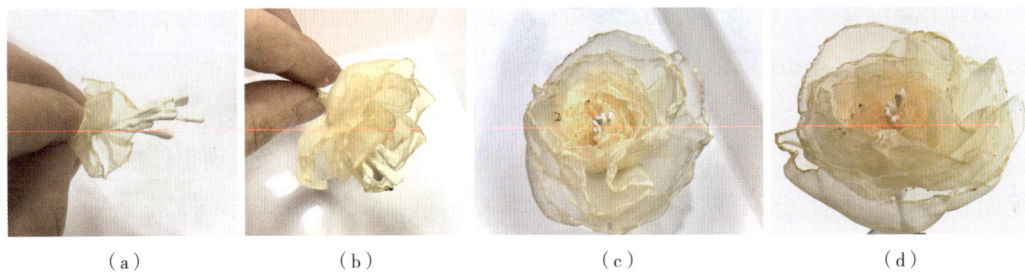

（a）　　　　　　　（b）　　　　　　　（c）　　　　　　　（d）

图6-41　制作全绽放花朵

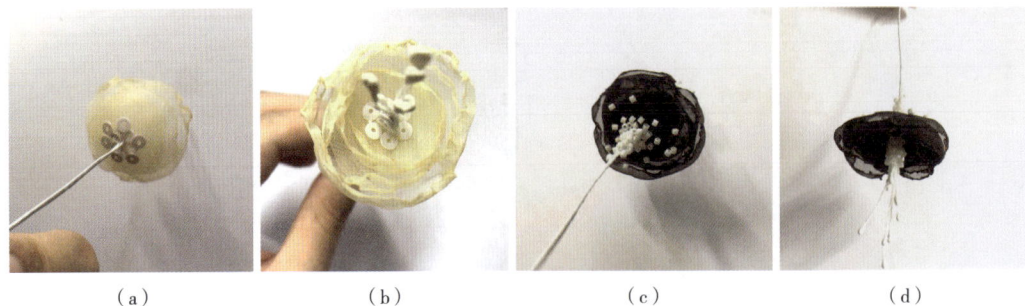

（a）　　　　　　　（b）　　　　　　　（c）　　　　　　　（d）

图6-42　添加装饰

（5）组合花朵、花束。在花朵的根茎部位涂上胶水，用白色丝带进行缠绕装饰。把花朵按照高低顺序排列，将铁丝缠绕一起，如图6-43所示。枝干与枝干连接的部位也用丝带缠绕，胶水固定。主干部位也用丝带缠绕直至铁丝底部，加以装饰，布艺蔷薇花束制作完成，如图6-44所示。

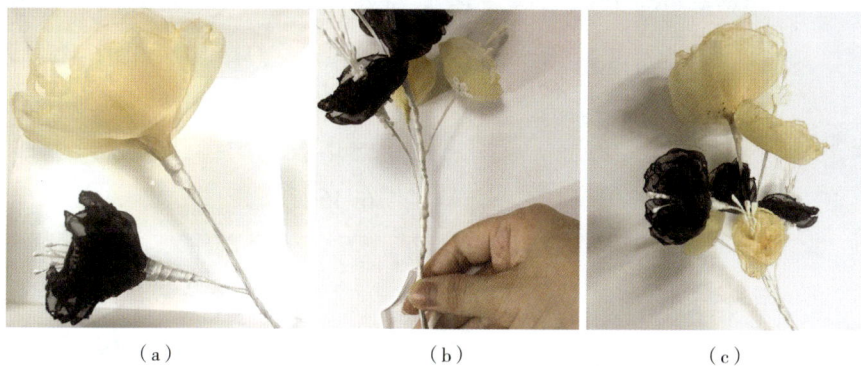

| （a） | （b） | （c） |

图6-43　组合花朵、花束

（a）

（b）

（c）

图6-44　布艺蔷薇花束完成实物（作者：刘馨泽）

2. 郁金香花的制作

花朵造型实例选用郁金香。花体的制作由大小不一的圆柱筒样制作，制作工艺简单易学。叶片为椭圆形裁片，数量可依花朵而定。花朵造型大小、数量依各人喜好、具体情况而定。下面郁金香花制作实例全程由天津工业大学学生陆子晴完成，供参考。

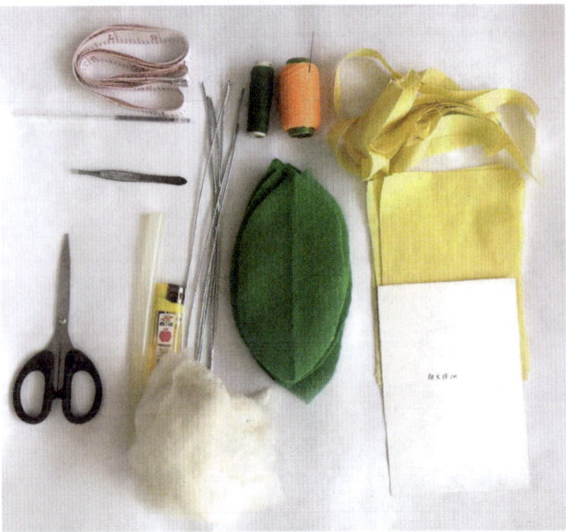

图6-45　准备材料

（1）准备材料、工具。花朵材料裁片10cm×15cm，布条宽度约1cm，叶子裁片8cm×12cm，花朵、叶子尺寸可根据个人需要调整。铁丝长度40cm，棉花，针线，剪刀，皮尺，镊子，高温消失水笔，镊子，热熔胶，如图6-45所示。

（2）花茎制作。将宽为1cm的布条，用热熔胶均匀缠绕在铁丝上即可，如图6-46所示。

（3）花朵制作。

①先缝合花朵裁片，将花朵裁片正面对折，反面朝外，距边缘线0.6cm进行缝合，如图6-47所示。

②连接花朵与花茎。将花朵底部手工缝合，线迹距离不要过密，将花茎插入，拉紧缝线进行收口，缝合处打上热熔胶固定，如图6-48所示。

③填充花朵。将花朵从收口位置翻上来，调整底部，用镊子塞进棉花，如图6-49所示。

④缝合花朵。在上端平均取四个对角，将布向内翻折0.6cm，将对角进行缝合，对折收好口，如图6-50所示。

（4）制作叶子。将裁好的叶片对折，距离叶子边缘线0.3cm左右开始缝合，底部留出1cm孔洞不缝合，大约沿边缘线缝合3~4cm即可，然后将叶片翻折过来，如图6-51所示。

图6-46　花茎制作

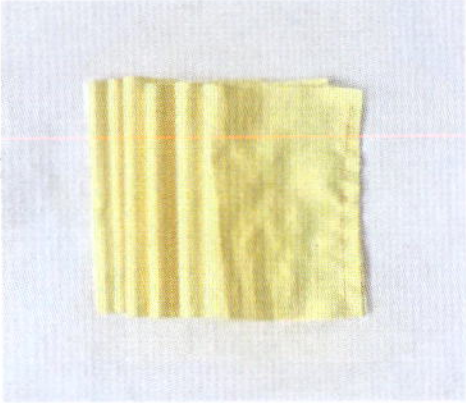

图6-47　缝合花朵裁片

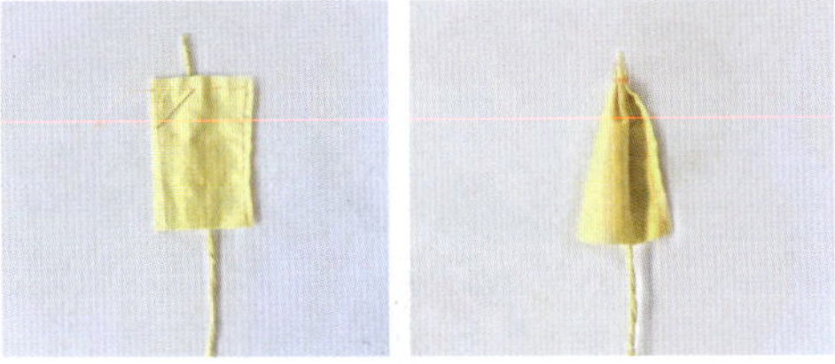

（a）

（b）

图6-48　连接花朵与花茎

图6-49　填充花朵

图6-50　缝合花朵

（a）

（b）

图6-51　制作叶子

（5）组合花朵、叶、茎。花茎通过叶片底部的孔穿入，调整好叶片位置，底部用热熔胶固定，一支花朵完成，如图6-52所示。

（a）   （b）

图6-52　组合花枝

（6）花束完成。如图组装，漂亮的布艺郁金香花束制作完成，如图6-53所示。

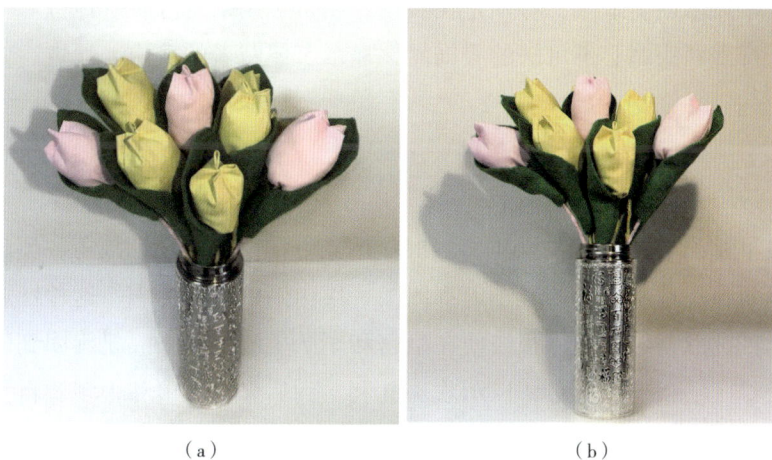

（a）   （b）

图6-53　郁金香花束完成（作者：陆子晴）

第三节　领饰的设计与应用

领饰是围绕人体的颈肩部，起到装饰、点缀、保暖作用，通常使用纺织品设计制作而成的服饰配件。最为常用的是领带、丝巾、围巾。领带是一种使服装锦上添花的

服饰品，尤其对西装的整体效果有画龙点睛的作用，是当今男士日常工作生活中最基本的服饰品之一。围巾不仅是保暖必需品，也是时尚中人的热门行头，色彩不同、长短各异、柔软、温暖的各种围巾，把不同的风格写上表情，把不同的风情展现无遗。

一、领饰的历史

（一）领带的历史

领带起源于公元前50年的古罗马，士兵的妻子和恋人为了祈祷前方将士的平安，在士兵的脖子上戴上领巾。另一种说法是领带起源于古代的英格兰，那时人们还没有制作硬领的织物，为了使脖子周围能够竖起显示威武状的领子，于是用布条缠住衣领，形成了领带的雏形。直到1668年，经过多次改进，领带在法国才开始接近今天的样式，并成为男子服装的重要装饰品。当时的领带是用细亚麻布、棉布或丝绸做成的，宽约30cm，长约100cm。系法是折叠后在脖子上绕两圈，再打个结让两端垂下。领带的边缘被装饰上蕾丝或刺绣，长度增加到200cm，如何系好这条带子，是当时评价男子高雅与否的标准之一。1830年，"领带"一词开始以服饰专用语出现。19世纪中后期，五颜六色的领带风靡欧美地区，特别是在英国，领带被用来区分阶层地位。今天，领带已成为男士穿着西服时必不可缺的服饰品，显示了佩戴者的身份、地位、修养与审美水平。

（二）围巾的历史

围巾最早起源于17世纪的法国。当时法国向邻国西班牙发动战争，奥地利出兵支援法国，而每位奥地利士兵的脖子上都佩戴一块白围巾作为标志，这种标志颇受法国国王路易十四的欣赏和厚爱，很快便在皇宫和军队里流行开来。凯旋回到巴黎时每个人都在颈上结了一条彩色围巾，以示欢庆胜利。到后来，围巾和很多源自皇宫的时尚配件一样，流传到民间，并发展出越来越多的款式。

二、领饰的分类

领饰按照形态可分为领带、领结、领花、围巾、披巾、头巾、披纱等，最主要的是领带和围巾。

（一）领带的分类

1. 箭头型领带

箭头型领带是领带中最基本的标准样式，使用最为广泛、普遍。因领带的大小两端呈三角形的箭头状，故而得名。佩戴后显得庄重、大方、轻快。另外，它还有短宽的形式。箭头型领带的长度一般为132～142cm，宽度为9.5～10cm，领带打完后，领带尖正好落在皮带扣的位置。

2. 平头型领带

平头型领带是从正统领带演变而来的，造型比箭头型领带略短且窄，因领带的两端平齐，故称平头型领带。美国西部牛仔们较为喜欢这种平头型领带。

3. 宽型领带

宽型领带在国外称为ASCOT领带。使用时不需系结，和系围巾的方式一样。宽型领带在欧美各国原是在结婚典礼上用，新郎作为白天正式礼服一起配套使用。但印有图案的却不属于礼服配套所用范围，而是年轻人追求时尚打扮的一种形式。

4. 巾状领带

巾状领带是传统领带的一种样式。它的形式和风格与我国少先队员系用的红领巾相似，用绸料制成。

5. 细绳领带

美国人发明细绳领带，又称牛仔领带、波洛领带。用一根两端带金属包头的彩色丝绳，同时串过前面的金属套口，套口制作精致。丝绳领带结构简单，系用方便，并显得轻松活泼。黑色的细绳领带是19世纪美国西部、南部绅士的典型配饰。

6. 缎带领带

缎带领带从头至尾都是1cm宽度的细带，一般将其系成蝴蝶结或十字结状。这种领带佩戴后具有艺术气息。

7. 翼状领带

翼状领带又称领结，一般分为小领花和蝴蝶结两种。小领花主要用于穿礼服，有黑白两色，白领花只用配穿燕尾服，小黑领花则用于配穿小礼服及礼服变种。蝴蝶结是小领花发展而来，比领花大，结成后像只展翅欲飞的蝴蝶，故此得名。常用黑色、紫红等绸料制作，一般与礼服配套。

8. 欧洲大陆式领带

欧洲大陆式领带围绕颈部不打结，而在前面交叉处用钩扣或珠扣固定，可作为夜间准礼服的配饰使用。

9. 花饰领带

花饰领带是领结的一种变化式样。领带可制作成各种形式，体现不同风格，既美观精练，又简捷大方，可作为正式礼服配套使用。

（二）围巾的分类

（1）按照面料分：天然纤维面料（棉、丝、毛、麻）、化学纤维面料（仿丝、仿

毛、仿棉、天丝等）、混纺类面料、毛皮类面料等围巾。

（2）按照围巾形状分：方围巾、长围巾、三角巾。

（3）按照佩戴者性别分：男式围巾、女式围巾。

（4）按照图案、工艺分：素色、彩格彩条、印花、扎染、蜡染等围巾。

（5）按照季节分：秋冬季围巾和春夏季围巾。

（6）按照功能分：装饰用围巾和保暖用围巾。

三、领饰与服装的搭配

（一）领带与服装的搭配

1. 领带与服装搭配方法

领带搭配时要处理好领带、衬衫与西装三者之间色彩、图案的关系与组合，主要有以下几种搭配组合：

（1）单色搭配法：指西装、衬衫及领带三者都是单色，若衬衫为白色，则领带和西装最好选择对比色；若衬衫不是白色，则三者中最好有两者是同色系。注意单色的领带能够与任何款式的西装或衬衫搭配，如图6-54所示。

（2）二单一花色搭配法：指西装、衬衫及领带三者中，有两个是单色，其中有一个是花纹或图案时，则花纹或图案的颜色必须是两个单色中的一个颜色。如当领带印有几何图案时，西装应选择与领带的底色同色系或对比色系配搭，衬衫应选择与图案相同的颜色。如蓝底白点的领带配白衬衣，因为衬衣的白更能映衬领带上的白，西装则可选择与领带底色相匹配的蓝色，如图6-55所示。

（3）一单二花色搭配法：指当有两种花纹或是图案时，必须先区分出图案的强弱及图案的方向走势。若西装或衬衫是直条纹图案时，则应避免使用直、横条纹的领带，不妨用斜纹、圆点或草展虫之类无方向性的领带为佳，如图6-56所示。较花的衬衫最好避免规则图案的领带，因为领带上的花样会破坏整体的图案秩序。

（4）三花色搭配法：指西装、衬衫、领带同时出现明显的图案，应当尽量避免这种做法。

图6-54 单色搭配法	图6-55 二单一花色搭配法	图6-56 一单二花色搭配法

2. 领带打结方法与服装的搭配

要注意领带的打结方法与服装的搭配。领带常见打结方法有四种，分别为平结（图6-57）、温莎结（图6-58）、半温莎结（图6-59）及普林特结（图6-60）。其中，平结风格简约，领结呈斜三角形，适合窄领衬衫。半温莎结是一种比较浪漫的领带打法，近似正三角形的领型更庄重，结型稍微宽一些，适用于任何场合。在众多衬衫领型中，与标准领是最完美的搭配。普瑞特结形状似温莎结的端正，却又比温莎结体积要小，十分美观。

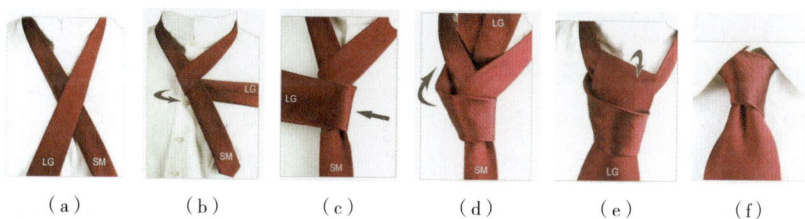

（a） （b） （c） （d） （e） （f）

图6-57 平结

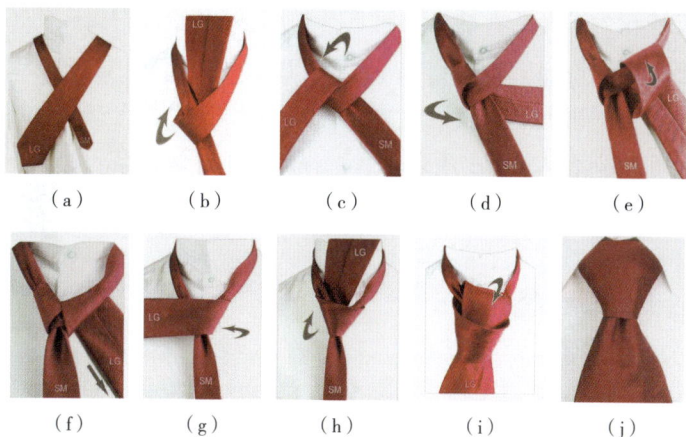

（a） （b） （c） （d） （e）

（f） （g） （h） （i） （j）

图6-58 温莎结

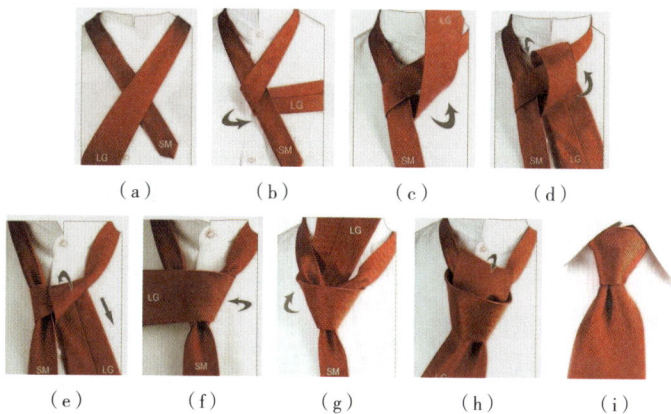

（a） （b） （c） （d）

（e） （f） （g） （h） （i）

图6-59 半温莎结

(a)　　　　(b)　　　　(c)　　　　(d)　　　　(e)　　　　(f)　　　　(g)

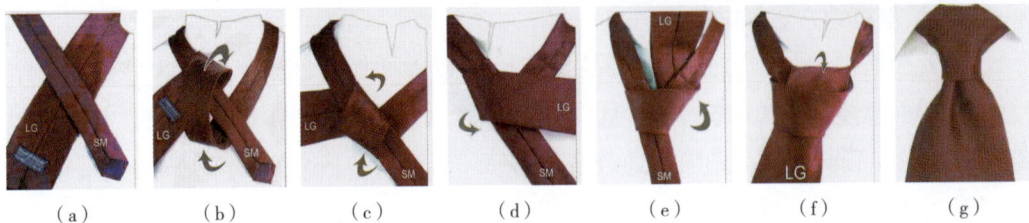

图6-60　普林特结

（二）围巾与服装的搭配

1. 围巾材质与服装材质之间的搭配

穿着较厚的服装时，应该搭配材质厚重（如毛绒型、皮草型）或体积大的围巾。穿着质地轻薄衣服时，可以选用真丝或尼龙绸围巾。选择丝质感的围巾，经典的高亮度会凸显皮肤的光泽度，容易把优雅知性的味道带出来，但要考虑自身的皮肤颜色，皮肤偏黄或者皮肤较为干燥的女性，不宜选择丝质感为主打的材质。棉、麻质感的围巾传递的是质朴无华和亲和力，是百搭类型围巾，只要在颜色与图案上与服装没有太过冲突，就可以大胆选择。皮毛的围巾通常是固定搭配皮质外套，选择颜色单纯的色系，突出可爱清新气质；斑驳不均、复古风格的皮毛围巾则更突出个人风格（图6-61）。

图6-61　材质间搭配

2. 围巾图案的选择与搭配

豹纹图案本身不同深浅的花纹就是一种装饰，素色面料的服装与之搭配，会有很好的效果。格子图案具有很强的英伦风情，深浅变换的格子是低调不张扬的元素。格子图案围巾在搭配衣服上也要尽量搭配花呢、丝绒、亮感度不高的衣服，款式可以多种多样，这样就可以搭配出层次感。连续图案围巾也是近几年的流行风尚，虽然只是单一重复，却加强了视觉的整体冲击力。各式各样颜色各异的花纹，会增加围巾的装饰感，小花纹显得优雅内敛，大花纹则显得大气奔放（图6-62）。

3. 围巾风格的选择与搭配

不同的围巾风格有不同的搭配方法。一是随性搭配，不做过

图6-62　豹纹、字母、格子等图案围巾

分刻意的搭配，随性、轻松而时尚。比如，一条纯色长及膝盖的围巾，穿上长外套和牛仔裤，可随意地将围巾披于前后肩，让围巾上的流苏肆意舞动，潇洒自在。穿无袖的连衣裙、无袖毛背心或V字领低胸衣服时，同样可以搭配长围巾，搭配出不一样的风格。还可以选择"混合"风格搭配，不同材质的碰撞，产生不同风格的组合。比如，穿着一件雪纺衬衫以及高跟鞋，整体呈现出优雅女性的风范，但配以粗织的羊毛围巾，形成一个强烈的对比碰撞，产生一种出位的视觉效果。

四、领饰的设计

（一）领带

1. 领带的材质

领带的材质非常重要，决定了领带的档次、花色与款式。领带的材质包括面料、里料和衬料三部分。

（1）面料：主要有真丝、化纤类和混纺类三种。真丝面料最为高档，是现在的主流面料，纤维成分是100%的桑蚕丝。真丝色织面料较厚，花色饱满，有立体感，光泽明亮，面料手感较好。真丝印花面料较薄，具有色彩润泽柔和，手感细腻的特点。化纤类面料主要指涤丝面料，一般用"洛丝"或"南韩丝"制作，颜色比较鲜亮，但缺乏稳重的效果，垂感、质感欠佳，手感较硬。混纺类面料同化纤类面料相似。

（2）里料：分为真丝、化纤类和混纺类。面料和里料都是真丝的领带，又称"双面丝领带"，品质高档。

（3）衬料：领带的质感与造型，很大程度取决于衬料的选用。衬料分为涤丝衬、羊毛衬两种。羊毛衬又分为30%毛、50%毛、70%毛、100%纯毛，含毛量越高的衬布做出来的领带越高档。

2. 领带的色彩和图案

领带的色彩包括单色、多色两种。单色领带也称素色领带，适用于公务活动和隆重的社交场合，常以蓝色、灰色、黑色、棕色、白色、紫红色为主色系。多色领带在设计中一般不超过三种色彩。

领带的常见图案主要有以下几种：

（1）斜条图案：其图案的特征表现为条纹向左或向右倾斜，间距为1.27~2.54cm（0.5~1英寸）的斜条，是传统的领带图案，严肃端庄，常用于正规场合。

（2）空间图案：具有弥漫性花型，花型四周留有等距空白，宛如天空点缀的群星，深远而旷达，最适合郊游或访友。

（3）素料实地：其特点为素料无花，只露面料本色，若与蓝、绿的单色西装配套，令人有庄重威严感，适用于西装式制服的配饰，如图6-63所示。

（4）佩兹利图案：佩兹利是苏格兰一个以织物著称的城市，其产品纹样具有地方特色，花型多做旋涡形，显得格外活泼喜庆，如图6-64所示。

（5）板块样图案：这种领带极似折叠的方头巾，虽有广泛的适用性，但美中不足的是过于呆板。

（6）点状图案：点状图案领带总是能给人古典的感觉。点有大小之分，大点大方奔放，小点则展现优雅细致，如图6-65所示。

图6-63　素料实地领带　　图6-64　佩兹利图案领带　　图6-65　点状图案领带

3. 领带的工艺

（1）排料：在排料时应本着尽可能节约用料、降低成本的前提。包括识别面料的正反面；花型、图案的对称、美观及特殊性要求，条纹的方向要求；面料经纬向；面料的色差；对条格面料应考虑条格平直、对称。

（2）裁剪工艺：主要包括领带外形的匀称、领带图案花型的对称、裁剪角度的正确等，领带面、辅料的裁剪必须为标准45°角。

（3）驳头（包头）工艺：驳头（包头）一般是用较薄的布料（俗称丝里）与面料正面对正面车缝，再翻转过来呈直角，也有异形的，如60°斜角及圆头等。

（4）里布：丝里布的长度是决定工艺难易程度的重要指标，一般长度越长，难度越大。低档的领带大头部分丝里布有时不足10cm，而高档的丝里布长度可达25cm。有些品牌领带会在丝里布中织上公司的LOGO或品牌的商标。

（5）针码：包缝丝里布的针码必须密实不露线，每3cm不宜少于12针，封角处加倍。驳头是否直角端正，针码是否密实不露线是评判领带工艺是否考究的一项重要指标。制作斜条纹领带时，注意条纹与领带大头小头边线务必平行，否则即使是真丝面料做成的领带，也只能排在低档领带行列。

（6）领带面料的拼接：拼接工艺中最重要的是要保持经纬纱线方向一致，花纹对齐，针码密实平整，整烫劈缝充分，线条顺直。最理想的效果是做好了不容易看出接缝。即使是素色无底纹效果的领带，在拼接面料时也要注意经纬纱线方向一致。

（7）领带的初烫：领带的初烫分常规烫法、七折烫法、圆弧烫法。领带的花型对称与否、外形边线是否齐整，很大程度上取决于手工初烫；领带大小头直角边是否端正、对称，领带背面中缝是否挺直且居中以及领带大小头和边线衬布是否到位，则完全取决于初烫工艺。

（8）领带手工缝制工艺：手缝工艺花样繁多，主要体现在三个方面。

缝法一般分为暗线缝法和明线缝法两类。明线缝法除缝制领带背面中缝外，也有加缝领带四周边缘的，明线缝法有缝直线的，也有交叉缝的。

缝线颜色一种是同色，缝线与面料靠色或同色，另一种为对比色，缝线颜色与领带基本色呈对比色，以突出缝线的效果。

（二）围巾

1. 围巾设计的材质运用

围巾设计材质的使用有三种方法，如图6-66所示。

（1）运用单一面料进行设计。保持面料原有的特性，如真丝围巾、羊绒围巾。

（2）运用两种或两种以上的面料进行组合设计。如针织面料与机织面料的组合，素色面料与花色面料的结合，轻薄面料与粗厚面料的结合等，体现出围巾多变的风格。

（3）运用经特殊整理的面料进行设计。如利用经向氨纶收缩形成褶皱的围巾，涤纶抽褶形成褶皱围巾等，此类围巾的层次非常丰富，具有很强的装饰效果。

（a）　　　　　　　　（b）　　　　　　　（c）

图6-66　真丝、羊绒、针织等材质围巾

2. 围巾设计的装饰要素

充分运用各种装饰手段提升围巾的审美效果，如流苏、毛边、毛球、破洞、拼接、刺绣、钉珠、花边缎带、亮片、缉明线、手绘图案、手工钩织等各种手法加以装饰，增加围巾的美感，如图6-67所示。

（a）流苏　　　（b）毛边　　　（c）毛球　　　（d）破洞　　　（e）拼接

图6-67　围巾装饰要素

第四节　腰带的设计与应用

　　腰带原为固定衣服的实用品，因为早期的衣裙没有纽扣、拉链等能够束缚衣服的配件。为了不使衣服在活动时散开，也为了便于穿脱，使用一根细长的带子将衣服捆绑起来。如今，腰带仍然具有固定衣服的功能，同时兼有一定的装饰性。

一、腰带的发展历史

（一）中国腰带的历史

　　腰带是最为重要的收紧衣服的饰品和礼器之一。中国早期的服装多无纽扣，仅在衣襟上缝缀数条细带，两襟交合后，即以细带系之。这种细带在古代被称为"襟带"或作"衿带"。古代的腰饰除了实用、美观、显示社会地位的功能外，还用来佩挂一些生产、生活的物件。

　　商周时期的腰带多为丝帛所制的宽带，妇女腰间只以丝带系扎。一种腰带以丝织物制成，叫"大带"或叫"绅带"；另一种腰带以皮革制成，叫"革带"，主要用于系佩组绶、印章、囊、刀剑等物，因革带硬而厚实，无法同大带一样系扎，使用时多借助于带头扣联，此类带头通常被制成钩状，称为带钩。带钩下端有钉柱，钉于皮带的一头，上端曲首作钩状，用于钩挂皮带的另一头，中间钩体，常见的有兽面型、琵琶型和各种异形钩。在北京、河北、河南、山东以及山西等地春秋时期的墓中，都有带钩实物出土。春秋战国时期，是玉带钩使用的鼎盛时期，种类繁多，制作精美，如图6-68所示。

　　魏晋南北朝时期的妇女服饰中腰间加以束带，它与革带区别之处为：腰带柔软而长，一般在腰间绕一两圈之后再行打结。腰带长且能系漂亮的结式，并有飘逸的带尾，使女性服饰显得妩媚动人，如图6-69所示。

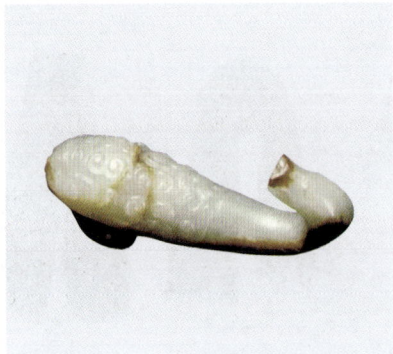

图6-68　战国早期鹅首玉带钩

图6-69　魏晋南北朝妇女腰束带

唐宋时期，腰带用革制作镶嵌有金、玉的金带和玉带，腰带按等级缀以金、玉、银、角等。其中玉革带使用最为广泛，是将方形或椭圆形玉板嵌钉在革带上，如图6-70所示。位于革带首末两端的玉板，称为"蛇尾"。一条革带上嵌钉13块玉板，应是唐代最高品官的象征。最早的玉带出土于陕西咸阳北周时期的若干云墓，为白玉九銙八环蹀躞带，复原长度约1.5m，如图6-71所示。

图6-70 唐八蟠龙藏身犀牛玉革带

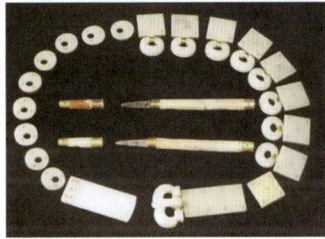

图6-71 北周时期白玉九銙八环蹀躞带

蹀躞，也叫蹀躞带，是一种源自北方游牧民族的腰带，腰带上垂下来很多小带子，用来将物品系在腰带上，蹀躞是游牧民族日常生活方式的物化反映。蹀躞主要由带扣、带箍、带鞓、带銙、铊尾、下垂小带等构成，魏晋时期传入中原地区，到隋唐时期开始盛行，之后一直延续到宋、辽、金时期。蹀躞带上下垂的小皮带可以悬挂水壶、钱包、扇子、香囊、刀、剑、乐器、箭袋、笔、墨、纸、砚等各种小物件，唐代曾经将蹀躞定为文武官员的必佩之物，用于悬挂算袋、刀子、砺石、契苾真、哕厥、针筒、火石袋七件物品，称为"蹀躞七事"。

到了辽代，当朝官员中文官必须佩戴"手巾、算袋、刀子"等物件，武官必须佩戴"佩刀、磨石、针筒、火石袋"等物件，因此腰带开始成为人们服饰中不可或缺的部分。妇女命服中腰带随男服用革带，裙腰高系，一般都在腰部以上，有的甚至在腋下，以丝带系扎。除此之外，还要在腰间正中部位佩戴玉环绶作装饰，如图6-72所示。

（a）　　　　　　　　　　　　　　　　（b）

图6-72 辽代金銙银蹀躞带

清代官服中腰带有朝带、吉服带、常服带、行带等，多束于胯部并不着腰，用细纽将腰带悬于衣肋间。佩戴和衬以不同颜色和质地的衣饰，按颜色区分等级，宗室用黄色，觉罗用红色，而一般男子的腰带以湖色、白色或浅色的束带为准，其结束后下

垂至袍底，讲究一些的可以绣花或加一些零星佩饰。妇女所束腰带多在上衣内，较窄，用于编结而下垂的流苏。后改长而阔的绸带，系于衣内而露于裤外，成为一种装饰品。颜色浅而鲜艳，一般垂于左边，带下端有流苏、绣花。有的还在中间串上一块玉佩，借以压裙幅，使其不致散开，影响美观（图6-73）。

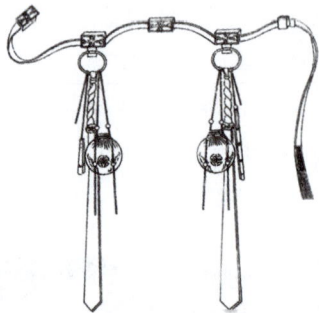

图6-73　亲王朝服带（清《钦定大清会典图》）

（二）西方腰带的历史

腰带在西方的服装发展中显得非常重要。古埃及男女服装区别不大，衣服对于古埃及人并非仅是为了遮体，强调衣服的象征意义和价值才是着装的主要目的。因此，早期奴隶和舞女们常为裸体，或在腰臀系一根细绳，称为"绳衣""腰绳"，最原始的衣服状态主要用于奴隶，如图6-74所示。

图6-74　绳衣

在古希腊，男子和女子都穿着"希顿"（Chiton），这是当时最基本的服装。男款长及膝盖，女款长及脚踝。但有时候，男子也穿长款希顿。希顿是以一块矩形布围绕于身体上，围绕的方式可以各种各样。男性可以用一枚领针或大头针将它固定于左肩，让右肩裸露，也可以将它固定于两肩。穿着希顿时可以用一两条绳索扎在腰部，这就像是腰带。为了强调优美的衣褶和便于活动，系扎腰带时，要把布向上提一提，使布在腰带上形成膨胀的余量，以致垂下来盖住腰带，并在腰带处随意调节纵向垂褶的疏密。提出来的这部分余量叫作"科尔波斯"，在现代服装中类似科尔波斯的形式也十分广泛。到了海伦时期，各种腰带或饰带更加繁复，如有辫状的系带、双层系带等。腰带的位置也从胯部向上移动，结在齐于腋窝的胸部，有的甚至系于乳房上，使服装看上去外观更为平衡匀称，如图6-75所示。

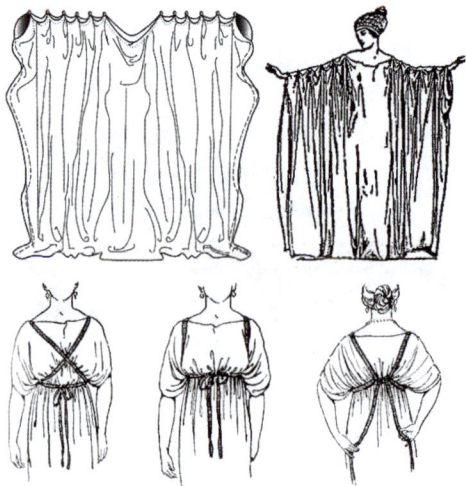

古埃及中王国时期，腰带不仅用来束衣和显示身份，还是一件重要的装饰品。无论男女，腰都被人为地勒细，服装除了下摆有边饰外，腰带也富有装饰，有的似乎还施加了某种填充材料。

图6-75　腰带位置上移后的希顿

15世纪德国的男装中，系带长衣为主要服饰，人们喜欢在腰带上加些装饰物，如在腰带上挂铜铃，装饰用的短剑佩在腰带上。有的腰带较宽，上面镶有金属装饰，系法也特别，并不贴身紧系，而是松松地挂于腰下。以后佩剑带逐渐被纽带所代替。这种纽带又宽又长，上面通常绣有图案，披挂在右肩上，用于携带左胯下的剑。腰带的造型也比以往复杂、多层次，并有数对扣带，可以将马裤挂于扣带之上。女式服装中腰带很华丽，通常是五颜六色，并饰有金质镶片，腰带比当时其他国家的略宽一些。如一贵妇人的腰带上镶满了珍珠宝石，身前中央还悬挂了一枚长长的垂饰物，她可以随时将搜集的金银珠宝等饰品附于这枚垂饰物上，可见这条腰带的珍贵了。

在中外腰饰物的发展变化及应用中，腰带除了必要的实用性外，更多的作用是炫耀财富、显示地位。随着时代的发展，当今的腰带早已失去了身份等级地位的象征意义，取而代之的是展示品位、气质和实力，人们更注重的是它的美观和实用性，注重腰带在服装上的整体效果。

二、腰带的分类及特点

（1）按照功能分：束腰带、臀带、胸带、吊带、胯带等。

（2）按照材料分：皮质带、木质带、布腰带、塑料腰带、草编带、金属腰带等。

（3）按照制作方法分：切割皮带、模压带、编结带、缝制带、链状带、雕花带、拼条带等。

（4）按照款式风格可分为以下几种（图6-76）：

①宽腰带：又称腰封，是一种紧身宽带。一般由金属、皮革、松紧带等材料制成。挺括的腰封能够纠正腰部不良曲线。任何款式的衣服只要加入了宽腰带，都会增加时髦感［图6-76（a）］。

②链式腰带：非常具有女人味，可随意地系在胯部，多层的链式设计与低腰的礼服裙搭配相得益彰［图6-76（b）］。

③编织式腰带：通常是环形的搭扣设计，配以花边、蝴蝶结等细节设计，完全走甜美化路线。编织带不仅耐看，关键是用起来方便，松紧随心所欲［图6-76（c）］。

④流苏式腰带：随着复古风大行其道，腰带也从中世纪的贵族流苏中吸取灵感，走起奢华的宫廷路线。细长的流苏腰带跃动起来让装扮充满存在感［图6-76（d）］。

⑤铆钉式腰带：有着西部特色牛仔饰钉做装饰的腰带，其亮闪闪的饰钉风格使斜挎在腰间的腰带最适合与时髦牛仔相搭配［图6-76（e）］。

⑥缠绕式腰带：一层一层地缠绕，越长越流行，这类腰带不是很夸张，但很时尚，别具一格的超细加长的缠绕式腰带可使女性的身姿更显窈窕。腰带头的造型尽量不用太夸张的设计，典雅的造型更容易打造出预期效果［图6-76（f）］。

（a）宽腰带　　　（b）链式腰带　　　（c）编织式腰带　　（d）流苏式腰带　（e）铆钉式腰带　（f）缠绕式腰带

图6-76　腰带款式风格

三、腰带与服装的搭配

腰带既可以束扎服装，又能够装饰和美化服装。虽然腰带暴露的部分很小，但却往往是整套服装的视觉中心，能起到画龙点睛的作用。人们更加关注腰带的装饰性，腰带的设计比以前更加夸张，种类也更加丰富。

（一）腰带与服装色彩的搭配

腰带的选择、佩戴，应与服装的色调相协调。采用与服装对比颜色的腰带，可以起到强调的作用，如单色服装可配对比强烈或鲜艳的腰带。当上衣与下装的色彩互无关联时，可使用腰带来调和上、下装的颜色，起到协调作用。例如，穿浅咖啡色上衣配紫色的裙子，要想让全身看起来协调，可在腰部配一条紫色带咖啡花纹的腰带。如果服装的色彩很丰富、炫目时，可以用腰带减弱色彩。例如，穿花色衣裙的女士选择与服装色相一致的某一单色腰带，会产生较佳的效果。还有黑色、白色、棕色腰带，可以与不同色彩的服装搭配。红色腰带在服饰搭配中往往起到的是突出重点的作用。红色腰带与黑色服饰的经典搭配，感觉相对成熟一些；而年轻的女孩可以尝试一下红色腰带与白色服饰搭配。彩色宽腰带的应用非常广泛，只要你的服饰中具有相同的色彩元素与之呼应，就可以放心大胆地搭配（图6-77）。

图6-77　腰带与服装色彩协调

（二）腰带与服装材料的搭配

根据服装材料的肌理效果，可以搭配同质或异质的腰带，形成不同的视觉效果。例如，金属制的腰带与有光泽的质感的高档丝质服装搭配，显得华丽、和谐；将金属腰带与粗制的、破旧感的牛仔装相配，能使材料肌理产生强烈的反差，富有创意与个性。雪纺或薄纱质地的连衣裙，腰带采用编织材质，束在高腰处，呈现玲珑身材，并能拉长腿部线条，营造修长曲线。光泽面料服装搭配粗糙皮质宽腰带，更突出服装质感（图6-78）。

图6-78　腰带与服装材料搭配

（三）腰带与服装风格的搭配

在多元化服装趋势下，腰带也应该与服装的风格相一致，优雅风格的晚礼服，配以丝绸类花饰腰结；镶嵌宝石的金属链式腰带、珍珠类宝石材料相串的腰饰等，会为女性的优雅增添几分华贵。比如，西服套裙一般选择皮革或织物的、花纹较少的腰带，以便和服装的端庄风格搭配；在简洁、干练风格的职业套装中，一条随意系在腰间的丝巾，可以令女性在沉稳中透出飘逸与潇洒；在街头另类个性的风格中，低腰裤、露脐装所暴露的空间正好为腰带提供了展示的舞台，使之成为最炫目的饰品（图6-79）。

图6-79　腰带与服装风格一致

（四）腰带与体型的搭配

腰带必须根据身材做出选择。一条与着装者的身材相协调的腰带才能够勾勒出人体腰际至臀部的美妙轮廓，增添服装的美感。身材高瘦的人，可以用较显眼的腰带，或系扎与衣服呈对比色的腰带，如穿黑色衣服可配白色皮带，形成横线，分割一下，增加横向宽度；如果个子较矮的人应选择与服装色彩相一致的腰带，并切忌使用过宽的腰带或将腰部系得过紧，这样能强调人的高度。如果上身长下身短，可以适当提高腰带到比较合适的上下身比例线上，造成比较好的视觉效果；腰身长、腿部较短的人要注意腰带的颜色应与下身裤装或裙装色彩一致；腰身较短的人，则可选择与上衣颜色一致的腰带（图6-80）。

图6-80　腰带与体型搭配

（五）腰带要适宜着装场合

根据人们着装的场合，腰带也要与环境相适宜。优雅酒会中，高贵、飘逸的礼服上需要搭配雅致、高档的腰饰。如用方链形的金属腰带松垮地系垂在腰上，非但没有破坏原有的柔美曲线，反倒增添了几分性感。在办公室场合里，不要用装饰太多的腰带，显得干净利落的中性风格的腰带则比较适宜办公室的氛围。在日常休闲场所，腰带的选择则更加随意，如逛街购物时搭配一条骨质腰链或是一条更具设计感的珠子、钥匙加玩偶的腰链；在旅游远足时可以给牛仔、休闲装加上一条宽腰带或有流苏装饰的编结带（图6-81）。

图6-81　与服装场合协调

四、腰带的设计

作为服装整体的配饰物，腰带应成为能够与服装融为一体的因素，从服装的风格、造型、色彩、材料等方面统筹考虑，以达到理想的设计效果。

（一）腰带的造型设计

腰带的造型设计主要是由腰带主体造型、装饰扣造型构成。

1. 腰带主体造型设计

腰带主体宽度和长度要根据人体佩戴腰带的部位结构和比例来定，腰带宽度一般不超过20cm，比较适宜的宽度为7～8cm。造型纤细的腰带比较适合优雅的服装，过于纤细会产生不牢固感，太宽则会产生笨拙感。腰带最终的宽窄还是要根据具体的服装搭配来定。

设计腰带时多以几何形作为腰带的主体造型，其中主要以长方形为主，还有很多在长方形基础上的变形为菱形、不规则几何形、圆形、椭圆形、流苏形、链条形等。其中链式腰带主要是用各种金属链条组合而成的，具有垂感强，可以随身摆动，富于动感。设计中每个链条单元造型是一个设计元素，一般多为几何形、椭圆形、三角形等，可进行组合设计，如可将相同形状的链条单元组合在一起，也可将不同形状的链条单元组合，形成各种造型的链式腰带。普通款皮带错落地点缀大小不一的圆形图案，活泼的形式成为腰间一道独特的风景。

2. 装饰扣造型设计

装饰扣是腰带的主体，作为设计的重点，既可以固定腰带，又有装饰作用。装饰扣的造型多样，是腰带中富有变化的部位，可以设计为简单的几何形，还可以设计成仿生造型。装饰扣设计可以为腰带起到画龙点睛的作用，可占主导作用（图6-82）。

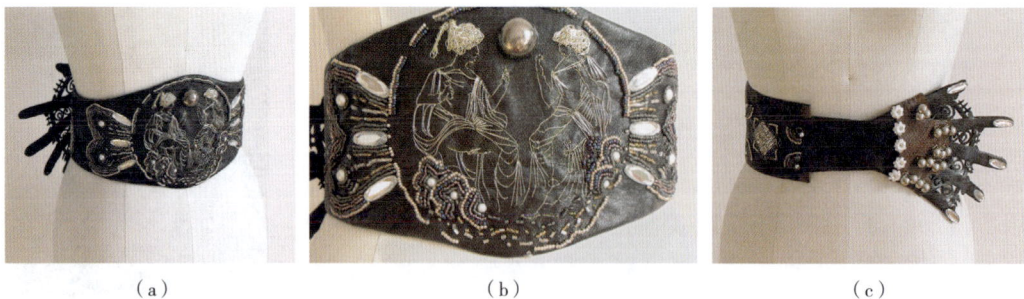

| （a） | （b） | （c） |

图6-82　珠绣腰饰（作者：林玲）

（二）腰带的材料设计

在腰带的材料设计中，可以用一种材料，也可以用不同材料及辅料、饰品进行组合，同时还要考虑服装的风格、着装的场合等条件。一般而言，日常着装用的腰带，多选择皮革及纺织品材料等；在礼仪场合，腰带多选择比较高档的真皮、贵金属或精致的纺织品面料，并且需要增加各种饰品装饰材料；而个性前卫的腰带则比较青睐金属材料以及肌理对比效果比较强烈的材料（图6-83）。

图6-83　腰带设计（学生作品）

（三）腰带的色彩设计

腰带的色彩可以用单色、色块拼接或花色来设计，但要注意腰带与服装整体色彩的协调。当服装倾向于比较简洁大方的职业服时，腰带的色彩以单色、近似色为主。腰带的色调要与服装相统一。对于活泼、自由的运动休闲服装，腰带可以搭配比较艳丽的色彩；而为了搭配表现个性、另类的街头时尚的服装，腰带的色彩可以突破惯有的思维定势，突出对比效果，增强服饰的视觉冲击力。蓝、紫、黑三色搭配的腰带令人印象深刻，搭配宽腰带，让原本的复古感觉变得更具现代感，同时也不失复古特色。

参考文献

[1] 许星. 服饰配件艺术 [M]. 北京:中国纺织出版社,2015.

[2] 张祖芳,朱瑾,王玲玲. 服饰配件设计 [M]. 上海:上海人民美术出版社,2007.

[3] 季凤芹. 服饰配件创意设计 [M]. 北京:化学工业出版社,2019.

[4] 谢琴. 服饰配件设计与应用 [M]. 北京:中国纺织出版社有限公司,2019.

[5] 冯素杰,邓鹏举. 服饰配件设计与制作 [M]. 北京:化学工业出版社,2011.

[6] 唐泓,阮超. 服饰品设计 [M]. 武汉:湖北美术出版社,2002.

[7] 吴静芳,蔡葵. 服饰品设计:帽·鞋·包的艺术 [M]. 杭州:中国美术学院出版社,1998.

[8] 苏洁. 服饰品设计 [M]. 北京:中国纺织出版社,2009.

[9] 邵献伟. 服饰配件设计与应用 [M]. 北京:中国纺织出版社,2008.

[10] 吴静芳. 服装配饰学 [M]. 上海:东华大学出版社,2012.

[11] 曲媛,周露露,马唯. 服装配饰艺术设计 [M]. 长春:吉林美术出版社,2015.

[12] 郑辉,潘力. 服装配饰设计 [M]. 沈阳:辽宁科学技术出版社,2009.

[13] 简·谢弗,苏·桑德斯. 伦敦时装学院经典服装配饰设计教程 [M]. 陈彦坤,马巍,译. 北京:电子工业出版社,2020.

[14] 张嘉秋,车岩鑫. 服饰品设计 [M]. 北京:中国传媒大学出版社,2012.

[15] 高山,袁金龙. 服饰品设计艺术 [M]. 合肥:合肥工业大学出版社,2011.

[16] 李晓蓉. 服饰品设计与制作 [M]. 重庆:重庆大学出版社,2010.

[17] 傅婷. 服饰品设计 [M]. 上海:东华大学出版社,2019.

[18] 祖秀霞,徐曼曼. 服饰品设计与制作 [M]. 北京:北京理工大学出版社,2019.

[19] 王嘉艺,曾亚琴. 服饰品设计教程 [M]. 北京:中国纺织出版社,2018.

[20] 曹新渝. 时尚、创意元素与现代服饰品设计研究 [M]. 哈尔滨:黑龙江美术出版社,2018.

[21] 盛羽,林达亚. 服饰品设计 [M]. 郑州:河南美术出版社,2005.

[22] 金憓,周兮. 服饰品陈列设计 [M]. 北京:中国纺织出版社,2018.

[23] 孙苏. 服饰手工艺术 [M]. 北京:北京交通大学出版社;清华大学出版社,2009.

[24] 奥利维埃·杰瓦尔. 时尚手册 2 服饰配件设计 [M]. 洽棋,译. 北京:中国纺织出版社,2010.

[25] 张纪文,闫学玲,钱安明. 服饰手工艺 [M]. 合肥:合肥工业大学出版社,2009.

[26] 包昌法,杨艾强,田忠达,等. 服饰刺绣针法与图案 [M]. 合肥:安徽科学技术出版社,1980.

[27] 杨建军. 扎染艺术设计教程 [M]. 北京:清华大学出版社,2010.

［28］童芸. 中国染织 [M]. 合肥：黄山书社，2014.

［29］中国文物学会专家委员会. 中国艺术史图典 服饰造型卷 [M]. 上海：上海辞书出版社，2016.

［30］贾玺增. 中国服饰艺术史 [M]. 天津：天津人民美术出版社，2009.

［31］张朵朵. 绣的书写 中国刺绣的艺术与文化 [M]. 上海：东华大学出版社，2016.

［32］张静娟，李友友. 刺绣 [M]. 北京：中国旅游出版社，2015.

［33］日本宝库社. 简单明了最新版棒针编织基础 [M]. 冯莹，译. 郑州：河南科学技术出版社，2017.

［34］文化服装学院. 文化服装讲座：新版 10 服饰手工艺篇 [M]. 郝瑞闽，范树林，冯旭敏，编译. 北京：中国轻工业出版社，2000.

［35］张富云，吴玉娥. 服饰品设计艺术 [M]. 北京：化学工业出版社，2012.

［36］靓丽出版社. 我要学编织——棒针篇 [M]. 何凝，译. 郑州：河南科学技术出版社，2010.

［37］李雪玫，迟海波. 蜡染制作技法 [M]. 北京：北京工艺美术出版社，1999.

［38］鲍小龙，刘月蕊. 手工印染、扎染与蜡染的艺术 [M]. 上海：东华大学出版社，2006.

［39］杨文斌，杨亮，杨小燕. 蜡染艺术教程 [M]. 贵阳：贵州教育出版社，2017.

［40］贾京生. 蜡染艺术设计教程 [M]. 北京：清华大学出版社，2010.

参考文献